건물자산관리학 총서

건물자산위험관리론

김 일 효 저

남두도서

남두(南斗) : 남두육성(南斗六星)

은하의 중심인 사수자리에 있는 국자모양의 여섯 개의 별로서, 인간의 탄생을 결정하는 별로 알려져 있다.

머리말

건물자산관리는 가장 경제적 방법으로 안전하게, 그리고 효율적으로 관리되어야 한다. 그러므로 건물자산관리에 있어서 안전문제는 가장 중요한 관리영역인 동시에 우선 관리대상 관리항목이다.

우리나라 법령체계상 건물안전에 관한 법령에는 소방시설설치 유지 및 안전관리에 관한 법률, 위험물 안전관리법 등 안전관리법령은 무수히 제정 공포되어 시행 중에 있으며, 재난관리제도나 재해방지대책도 범국가적 차원에서 준비 운영되고 있다. 또한 건물자산관리현장마다 방재실, 안전관리팀, 보안관리팀과 방재실장, 방화관리자, 안전관리자 등이 조직되고 선임되어 나름대로 건물의 안전성 확보에 최선을 경주하고 있다. 이와 같은 안전관리법령, 안전제도, 안전관리자, 안전활동에도 불구하고 유감스럽게도 크고 작은 건물안전사고가 끊임없이 발생할 뿐만 아니라 오히려 증가일로에 있으며 그 피해액 역시 증대되고 있다.

최근 10년간의 안전사고 현황을 보면 건물안전사고로 수백, 수천 명의 귀중한 생명을 빼앗기고 있으며 막대한 재산이 잿더미로 변하고 있다. 참으로 한심하고 불행한 현상이 아닐 수 없다.

이에 저자는 건물자산관리현장만이라도 화재사고, 붕괴사고 등의 안전사고를 예방하고 건물안전관리문제를 개선하기 위하여 다시 그간에 편찬되었던 저자의 안전관리교재들을 정리하여 개정판 건물자산위험관리론을 다시 출판하게 되었다.

전체내용을 전5장으로 편성하여 제1장에 건물자산위험관리 총설편을 두고 위험관리의 기초개념 등을 수록하였으며, 제2장에 건물위험 종류별 안전사고 발생원인과 건물자산위험관리의 대책을 집중적으로 설명하였다. 제3장에서 건물자산관리현장의 안전관리 저해요인인 안전관리문제점과 개선방향을 수록하였으며, 제4장에서 안전성 확보를 위한 건물자산위험관리 활동편을 두고 안전관리계획 수립 및 실천, 안전교육활동, 무재해 운동 등을 수록하였다. 마지막 제5장에 건물안전점검과 정밀안전진단에 관하여 집중적으로 설명하였다.

건물자산관리현장에서 안전성 확보를 최우선으로 보장하고 안전을 높이기 위하여 필요한 교재 준비에 노력하였으나 제한된 시간과 박학다식하지 못한 저자의 처지로 완벽한 안전관리 교과서가 되지 못했음을 솔직히 고백하면서 선학들과 독자제현의 지도편달을 바라마지 않는다.

원고를 탈고하면서 출판을 기꺼이 허락해주신 남두도서 사장님께 진심으로 감사드리고, 편집과 교정에 헌신한 편집부 직원들에게도 심심한 감사의 인사를 드린다.

끝으로 집필기간동안 묵묵히 인내하여 준 가족들에게 감사하고, 특별히 이 책을 쓸 수 있도록 용기와 힘을 주신 하나님께 이 책의 모든 영광을 올려드린다.

2006. 8.

(사)한국건물관리학회 연구실에서

저자 김 일 효 씀

차·례

제1장 건물자산위험관리의 기초

제1절 건물자산위험관리론의 개요 — 13

1. 건물자산위험관리론의 의의 ····· 13
2. 건물자산위험관리론의 학습목표 ····· 13
3. 건물자산위험관리론의 학습내용 ····· 13

제2절 건물자산위험관리의 기초개념 — 14

1. 건물자산관리와 위험관리의 관계 ····· 14
2. 위험의 개념 ····· 15
3. 위험의 종류 ····· 16
4. 건물자산의 위험관리개념 ····· 20

제3절 건물자산위험관리의 필요성 — 25

1. 의 의 ····· 25
2. 위험관리 필요성의 배경 ····· 26

제4절 안전사고 증가의 사회적 배경과 건물의 내부적 환경 — 28

1. 안전사고 증가의 사회적 배경 ····· 28
2. 안전사고 증가의 건물의 내부적 환경 ····· 31

제5절 건물자산위험관리의 대상 — 34

1. 위험관리대상의 범위 ····· 34
2. 기술위험관리의 대상 ····· 35
3. 경영위험관리의 대상 ····· 38
4. 법률위험관리의 대상 ····· 39
5. 환경위험관리의 대상 ····· 39
6. 보안위험관리의 대상 ····· 40

제6절 건물자산위험관리방법 — 40

1. 위험관리방법의 의의 …… 40
2. 위험관리방법의 종류와 내용 …… 41

제2장 건물자산안전사고의 발생원인과 예방대책

제1절 화재사고의 발생원인과 예방대책 — 47

1. 화재사고 발생원인 …… 47
2. 화재사고 예방대책 …… 53

제2절 폭발사고의 발생원인과 예방대책 — 56

1. 폭발사고 발생원인 …… 56
2. 폭발사고 예방대책 …… 60

제3절 추락사고의 발생원인과 예방대책 — 66

1. 추락사고 발생원인 …… 66
2. 추락사고 예방대책 …… 68

제4절 전기감전사고의 발생원인과 예방대책 — 68

1. 전기감전사고 발생원인 …… 68
2. 전기감전사고 예방대책 …… 74

제5절 붕괴사고의 발생원인과 예방대책 — 78

1. 붕괴사고 발생원인 …… 78
2. 붕괴사고 예방대책 …… 79

제6절 기계설비 안전사고의 발생원인과 예방대책 — 80

1. 기계설비 안전사고 발생원인 …… 80
2. 기계설비 안전사고 예방대책 …… 80

제7절 법률사고의 발생원인과 예방대책 — 84

1. 법률사고 발생원인 …… 84
2. 법률사고 예방대책 …… 90

제8절 경영위험사고의 발생원인과 예방대책 — 91

1. 경영위험사고 발생원인 …… 91

2. 경영위험사고 예방대책 ······ 96

제9절 환경사고의 발생원인과 예방대책 ―― 97

1. 환경사고 발생원인 ······ 97
2. 환경사고 예방대책 ······ 98

제10절 보안사고의 발생원인과 예방대책 ―― 99

1. 보안사고 발생원인 ······ 99
2. 보안사고 예방대책 ······ 100

제3장 건물자산안전관리의 문제점과 개선방안

제1절 안전관리의 문제점 ―― 103

1. 안전관리 문제점의 개요 ······ 103
2. 안전관리 문제점의 종류 ······ 103

제2절 안전의식과 안전불감증의 개선 ―― 104

1. 의 의 ······ 104
2. 안전의식과 안전불감증의 개선방안 ······ 104

제3절 불안전 행동의 개선 ―― 106

1. 불안전 행동의 의의 ······ 106
2. 불안전 행동의 원인 ······ 106
3. 불안전 행동의 개선방안 ······ 107

제4절 불안전 환경의 개선 ―― 109

1. 불안전 환경의 의의 ······ 109
2. 불안전 환경의 개선방안 ······ 109

제5절 안전관리조직과 안전관리종사자의 역할 개선 ―― 110

1. 안전관리조직 개선 ······ 110
2. 안전관리종사자 역할 개선 ······ 111

제6절 안전관리조직 구성원의 인간관계 개선 ―― 113

1. 인간관계 개선의 필요성 ······ 113
2. 인간관계 개념 ······ 114
3. 인간관계 개선방안 ······ 115

제7절 안전관리종사자의 커뮤니케이션 개선 — 121

1. 관리조직상 커뮤니케이션의 필요성 …… 121
2. 커뮤니케이션의 정의 …… 121
3. 커뮤니케이션의 개선방안 …… 122
4. 커뮤니케이션의 원칙 …… 122

제8절 위험관리 기술성과 전문성의 낙후문제 개선 — 123

1. 위험관리 기술성과 전문성의 개념 …… 123
2. 위험관리 기술성과 전문성의 낙후배경 …… 124
3. 위험관리 기술성과 전문성의 낙후문제 개선방안 …… 124

제9절 안전관리예산의 부족문제 개선 — 125

1. 안전관리예산의 개념 …… 125
2. 안전관리예산의 부족문제 개선방안 …… 125

제4장 건물자산위험관리활동

제1절 건물자산위험관리활동의 개념 — 129

제2절 안전관리계획 수립 — 129

1. 안전관리계획의 의의 …… 129
2. 안전관리계획 수립의 필요성 …… 130
3. 안전관리계획의 종류와 내용 …… 130
4. 안전관리계획 수립의 필요조건 …… 131
5. 안전관리계획의 기본방향 …… 132
6. 안전관리계획의 구비요건 …… 132
7. 안전관리계획의 주요내용 …… 132
8. 안전관리계획의 작성절차 …… 132
9. 안전관리계획의 실시와 평가 …… 133

제3절 위험관리교육 — 134

1. 위험관리교육의 목적 …… 134
2. 위험관리교육의 내용 …… 134
3. 교육대상 …… 179
4. 안전교육방법 …… 179

제4절 무재해운동 ―― 188
1. 무재해운동의 의의 …… 188
2. 무재해운동의 목적 …… 188
3. 무재해운동의 효과 …… 189
4. 무재해운동의 본질 …… 189
5. 무재해운동의 3원칙 …… 190
6. 무재해운동 추진준비 …… 190
7. 무재해운동의 실시 …… 190
8. 무재해운동의 기법 …… 191
9. 산업재해위험 제거방법 …… 192

제5장 건물자산안전점검과 정밀안전진단

제1절 안전점검과 정밀안전진단의 개념 ―― 197
1. 안전점검과 정밀안전진단의 의의 …… 197
2. 안전점검과 정밀안전진단의 법적 근거 …… 197
3. 적용대상 …… 198
4. 안전점검 및 정밀안전진단 실시목적 …… 199
5. 안전점검 및 정밀안전진단의 관리주체 …… 200
6. 점검 및 진단방법 …… 200
7. 안전점검 및 정밀안전진단의 전문기관 …… 201
8. 안전진단 및 정밀안전진단의 실시기간 …… 201
9. 관리주체의 의무 …… 202
10. 시특법상 벌칙 …… 202

제2절 안전 및 유지관리계획의 수립과 보고 ―― 204
1. 계획수립과 보고 …… 204
2. 안전 · 유지관리계획에 포함되어야 할 사항 …… 204
3. 시설물안전관리 업무체계 …… 205

제3절 안전점검 및 정밀안전진단의 실시 ―― 206
1. 안전점검의 실시 …… 206
2. 정밀안전진단의 실시 …… 206
3. 안전점검 및 정밀안전진단 …… 207
4. 한국시설안전기술공단 …… 208
5. 안전점검 및 정밀안전진단 지침 …… 208

제4절 안전진단전문기관 —— 209
1. 안전진단전문기관의 등록 ········ 209
2. 결격사유 및 취소요건 ········ 210
3. 행정처분 후의 업무수행 ········ 211
4. 시설물의 안전조치 ········ 211
5. 시설물의 유지관리 ········ 212

부 록

1. 시설물의 안전점검 및 정밀안전진단 지침 ········ 217
2. 정기안전점검 표준양식 ········ 243
3. 정밀안전진단 표준양식 ········ 252

참고문헌 —— 271
찾아보기 —— 272

제1장 건물자산위험관리의 기초

제1절 건물자산위험관리론의 개요
제2절 건물자산위험관리의 기초개념
제3절 건물자산위험관리의 필요성
제4절 안전사고 증가의 사회적 배경과 건물의 내부적 환경
제5절 건물자산위험관리의 대상
제6절 건물자산위험관리방법

제1절 건물자산위험관리론의 개요

1. 건물자산위험관리론의 의의

건물자산위험관리론은 건물 위에 존재하는 위험성을 체계적으로 관리하기 위한 이론 체계로서 건물자산관리학총론에 대한 위험관리영역의 각론이다. 건물자산관리학을 1권의 총론과 5권의 각 론으로 구성되어 있는 바 건물위험관리론은 5권의 각론 중 하나로서 건물자산의 기술위험, 경영위험, 법률위험, 환경위험, 보안위험을 체계적으로 관리하기 위한 위험관리 실무교과서이다.

건물자산위험관리론은 전체내용을 전5장으로 구성하고 제1장에 건물자산위험관리 총설, 제2장에 건물위험종류별 안전사고 발생원인과 예방대책, 제3장은 건물안전관리 문제점과 개선방안, 제4장에는 건물자산위험관리활동에 대하여, 제5장에서 건물안전점검과 정밀안전진단에 대하여 소개하고 있다.

2. 건물자산위험관리론의 학습목표

건물자산위험관리론의 학습목표는 건물위험관리에 대한 완전한 지식을 학습하여 건물자산관리현장의 위험을 사전에 예방하고 방지하며, 부득이 발생한 안전사고는 조기에 수습하고 피해를 최소화하며 원상복구하여 정상화하는 위험관리능력을 배양하는 데 있다.

다시 말하면 건물자산관리론의 학습목표는 전체 건물자산위험의 개념을 이해하고(事實知) 건물자산위험관리 방법을 숙지하여(方法知) 마침내 건물자산위험관리를 스스로 처리할 수 있도록(行動知) 건물위험관리 실력을 배양하는 데 있다.

3. 건물자산위험관리론의 학습내용

건물자산위험관리론의 학습내용은 건물자산위험의 개념과 위험관리의 필요성을 인식하고 건물자산위험관리대상과 위험관리방법을 숙지하는 외에 건물자산위험 종류별 안전사고 발생원인과 예방대책, 건물자산안전관리 문제점과 개선방안 그리고 건물자산 위험관리활동 및 안전점검과 정밀안전진단 등에 대하여 체계적으로 학습해야 한다.

제2절 건물자산위험관리의 기초개념

1. 건물자산관리와 위험관리의 관계

건물자산관리는 건물자산 관리주체가 관리객체인 건물자산에 대하여 주어진 경영관리 수단을 효과적으로 활용하여 관리대상을 보존·이용·개량하는 활동과 건물소유자나 사용자 등의 요구나 목적을 가장 경제적인 방법으로 가장 안전하게 그리고 효율적으로 달성하는 데 필요한 경영관리 측면의 종합활동을 의미한다.

다시 말하면 건물자산관리란 기술적 측면에서는 건물실체의 현상을 보존·이용·개량하며 경제적인 측면으로는 소유자의 목적(경제가치 제고 및 수익극대화)이나 사용자나 이용자의 요구(최유효 사용수익)에 부합하는 활동을 의미한다. 또한 안전 측면에서는 재산의 보호와 함께 상주자나 출입자의 생명과 건강을 보호하는 활동을 의미한다. 이와 같은 건물자산경영관리 활동을 통하여 얻어진 건물의 수익과 양질의 경영관리효과를 통하여 거시적으로는 인간의 주(住)의 조건을 해결, 개선하여 인간생존문제를 지원하고, 미시적으로는 건물소유자와 건물사용자 및 건물이용자 모두에게 최유효 만족을 제공하여 삶과 생활과 일을 지원하고 이를 통하여 국가경제 발전에 이바지하게 된다.

건물자산관리가 이와 같은 기능과 역할을 성공적으로 하려면 1년 365일 동안 안전사고가 없어야만 가능하다. 왜냐하면 위험이 사고로 이어지고 사고가 다시 인적·물적 손해를 유발하는 재해로 발전하는 경우 건물의 유익이나 양질의 건물관리효과를 창출할 수 없거니와 관리효과로 얻어지는 건물의 유익과 서비스는 저감 또는 상실되기 때문이다. 그러므로 건물자산관리에 있어서 품격높은 양질의 관리효과를 얻으려면 어떠한 경우에도 재해가 없어야 한다. 따라서 위험이 건물자산관리현장에 존재하지 말아야 한다. 왜냐하면 위험이 존재하는 한 인적 결함이나 물적 결함과 결합되는 경우, 재해로 발전되고 재해는 곧바로 귀중한 사람의 생명의 손실이나 건강을 위협하며 재산을 감손시키기 때문이다. 뿐만 아니라 위험이 사고로 연결되면 건물자산의 경영관리목표 달성이 불가능하게 되고, 관리종사자의 사기가 땅에 떨어지며 건물의 사회적 기능을 상실하게 되는 동시에 입주자들로부터 안전에 대한 신뢰감을 상실하게 되어 건물임대에도 치명적인 악영향을 끼치게 된다.

그러므로 건물자산경영관리와 위험관리와의 관계는 밀접한 상관관계에 있으며 위험사고에 비례하여 경영관리효과가 상승되거나 반감 또는 전혀 나타나지 않게 된다. 그러므로 건물자산관리에 있어서 위험관리는 대단히 중요한 의미와 상관관계를 가지고 있다. 그러므로 최광의 관리개념에 의한 6대 분야 관리영역 중 위험관리영역이 상위 관리영역으로 자리잡고 있으며, 안전성의 원칙이 건물자산관리학의 최고지도원리로 인식되고 있다.

또한 관리활동의 일반원칙 중 안전성 우선의 원칙이 모든 일반원칙의 상위 원칙으로서 모든 건물자산관리활동에 있어서 반드시 지켜져야 하는 원칙으로 평가되고 있다.

2. 위험의 개념

위험(risk)을 한마디로 정의하기란 쉬운 문제는 아니다. 그러나 위험이 안전사고의 직접원인이 되므로 위험자체를 원천적으로 해결하여 안전을 확보하려면 위험관리의 첫 출발인 위험의 개념을 정확히 정의하고 이해하는 것이 무엇보다 중요하다.

왜냐하면 위험의 개념을 이해하지 못하는 경우 위험관리방법이나 절차를 알지 못하며, 위험관리절차나 방법을 모르는 경우 위험관리활동 역시 가능하지 않기 때문이다. 따라서 위험관리자는 위험의 개념을 다각도로 조명하고 정의하여 이해하는 것이 바람직하다. 위험의 사전적 의미는 사람의 목숨을 위태롭게 하는 것, 어떤 일을 실패하게 하는 것, 안전하지 못한 것을 의미한다. 또한 위험이란 안전의 반대개념으로서 사람의 생명과 건강을 위태롭게 하거나 재산을 감손시키는 요소를 말한다. 또한 위험이란 업무를 위태롭게 하는 요인으로서 안전저해요인이며, 안전사고의 직접원인을 의미한다.

학문적으로 위험의 의미는 불확실성으로 인하여 장래 발생할 수 있는 결과의 변화가능성을 의미한다.

위험의 개념을 보다 정확하게 이해하기 위해서는 안전개념을 살펴볼 필요가 있다. 왜냐하면 위험과 안전은 직접관계에 있으며 원인과 결과의 관계이므로 위험관리없는 안전은 존재할 수 없기 때문이다.

결국 안전은 위험관리를 통하여 얻어진 부산물이며, 위험관리활동의 결과이기 때문이다. 그러므로 안전개념의 이해는 위험개념의 이해만큼이나 중요하다. 왜냐하면 위험은 안전사고의 직접요인이므로 사고가 발생한 후에는 안전은 없기 때문이다. 또한 안전의 일반적 의미는 위험이 없는 상태나 위험하지 않음을 말한다. 즉 위험이 없으면 안전하고, 위험이 있으면 안전하지 않음을 의미한다. 즉 위험과 안전은 상대적 개념이다.

또한 안전이란 사람의 생명과 신체에 대한 사망·상해·부상·위해·질병이나 위험에 노출되는 것으로부터의 자유를 의미하며, 이와 같이 자유를 보호하는 지식, 방호기술, 질병방지기술 등을 의미한다.

즉 안전이란 사망위험, 상해위험, 부상위험, 위해위험, 질병감염위험, 재산감손위험이 없는 상태를 의미하며 위험제거지식, 위험방호기술, 질병감염 방지기술 등을 안전이라고 한다.

결론적으로 안전이란 위험이 없는 상태를 말하며 사람에게 있어서 생명 신체의 사망·재해·부상·위해·질병이 없는 상태로 재산에 있어서 감손위험이 없는 상태를 의미한다. 즉 위험이 없으면 안전하고, 위험이 있으면 불안전하게 된다.

따라서 건물자산관리에 있어서 안전을 확보하려면 먼저 위험을 관리(risk control)하는 것이 가장 유효한 안전관리방법이라 판단된다.

이를 위한 위험관리방법은 후술하기로 한다.

3. 위험의 종류

건물자산에는 여러 가지 잠재위험이 존재한다. 위험관리를 효과적으로 수행하기 위해서는 전술한 바와 같이 위험의 개념을 정확히 이해하고 건물자산관리상의 위험종류를 파악해 두는 것이 현명하다.

건물자산관리상의 위험의 종류를 일정한 기준에 따라 분류하면 다음과 같다.

(1) 건물 생애 단계별 위험

건물의 생애 단계별로 위험을 분류하면 다음과 같이 분류된다.

① 시공 전 위험(설계 위험)
② 시공 중 위험(건설 위험)
③ 시공 후 위험(관리 위험)

(2) 건물자산관리영역별 위험

현대 건물자산관리는 최광의 관리개념에 따라 관리활동이 진행되므로 관리영역별로 위험이 존재한다.

관리영역별 위험의 종류는 대체로 다음과 같다.

1) 건물기술위험

건물기술관리 대상에 대한 기술관리활동 중에 나타나는 잠재위험들로서 세분하면 다음과 같다.

① 건축설비위험(폭발위험, 화재위험, 감전위험, 추락위험 등)
② 건축시설위험(붕괴위험, 추락위험, 도괴위험, 화재위험, 침수위험 등)
③ 건물위험물위험(가스누출위험, 유류화재위험, 폭발위험 등)
④ 건물작업위험(부상위험, 추락위험, 감전위험, 중독위험, 직업병위험 등)

2) 건물경영위험

건물경영위험이란 건물경제관리활동과 행정관리활동 중에 나타나는 잠재위험들로서 다음과 같은 위험들이 이에 해당된다.

① 경제환경 변화위험
② 건물자산 경제가치 하락위험
③ 공실손실위험
④ 금전사고위험
⑤ 회계부정위험
⑥ 손실보상위험
⑦ 관리예산 누수위험 등

3) 건물법률위험

건물법률관리는 관리관계, 법령관리, 계약관리 등을 업무대상으로 하는 관리영역이나 다음과 같은 건물위험의 종류가 있다.

① 계약사고위험
② 관리관계 법령사고위험
③ 소유권 허유권화 위험
④ 관리하자위험 등

4) 건물환경위험

건물환경관리는 생활환경,수질환경, 대기환경, 청소 위생, 소독, 조경시설물을 관리하는 관리분야로서 다음과 같은 잠재위험이 있다.

① 수질오염위험
② 실내공기 오염위험
③ 약재중독위험
④ 전염병 감염위험

⑤ 생활환경 오염위험
⑥ 조경시설물 고사 사고위험
⑦ 자연재해위험 등

5) 보안위험

보안위험이란 건물범죄(빌딩범죄)에 해당되는 위험으로서 주로 다음과 같은 보안상의 위험이 있다.

① 도난위험(주간도난위험, 야간도난위험)
② 방화위험
③ 폭파위험(폭발물에 의한 폭발, 외부의 물리적 힘에 의한 폭파)
④ 무단침입 위험
⑤ 폭탄기물파손 위험
⑥ 강도위험
⑦ 살인위험 등

(3) 피해정도별 위험

위험의 피해정도라 함은 피해에 대한 복구, 보상, 원상회복, 수습 등에 소요되는 비용의 정도로서 사고 피해의 경중에 따른 분류이다. 위험의 피해정도에 따른 위험은 다음과 같이 세분된다.

1) 1종 위험

경미한 위험으로서 기본적 재정상태에 전혀 영향을 못 미치는 위험으로 사소한 안전사고나 경미한 금전회계사고 등이 이 범주에 해당된다. 건물관리활동 중에 가장 빈번히 발생되는 위험이다.

2) 2종 위험

1종 위험보다 크고 3종 위험보다 피해의 정도가 적은 위험을 의미한다. 건물소유자가 이를 수습하기 위해서 차입이나 보유주식 매각이 필요한 정도의 위험을 의미한다.

3) 3종 위험

대형위험을 의미한다. 기업이 도산할 정도의 위험으로서 관리대상 건물과 토지를 매각해야만 수습이 가능할 정도의 위험이다. 삼풍백화점 붕괴사고가 3종 위험에 해당된다.

(4) 손실발생 유무에 따른 위험

사고가 발생하면 손실만 생기거나 손실과 이익이 동시에 발생하는 위험을 기준으로 분류한 위험의 분류이다.

1) 순수위험

위험사고가 발생하면 손해만 발생되는 위험이다. 건물의 화재, 폭발, 추락, 감전사고 등이 이 범주에 해당된다.

2) 투기적 위험

투기적 위험이란 생산활동이나 거래, 시장활동 및 건물임대 등에서 나타나는 위험으로서 손실도 발생하지만 동시에 이익도 발생하는 위험이다.

(5) 사회적 변화에 따른 위험

사회적 변화유무의 기준에 따라 발생되는 위험의 분류이다.

1) 동태적 위험

사회적 변화가 있을 때 나타나는 위험으로서 경기 변동에 따른 건물 임대수익 감소, 경기악화로 인한 공실률 상승 등은 동태적 위험에 해당된다.

2) 정태적 위험

사회적 변화 없이도 나타나는 위험을 말한다. 감전사고, 화재사고 등이 이 범주에 해당된다.

(6) 피해대상별 위험

피해대상이 사람이냐 아니면 물건이냐에 따른 분류이다.

1) 인적 위험

생명・건강에 피해를 주는 위험을 의미한다. 사망・상해・부상・질병 등이 이 범주에 해당된다.

2) 물적 위험

재산 감손에 영향을 주는 위험을 말한다. 화재・폭발 등이 이 범주에 해당된다.

(7) 위험형성 원인에 따른 위험

1) 인위적 사고위험(재난)

사람의 결함 또는 고의나 과실에 의하여 나타나는 위험을 의미한다. 통상 재난이라 한다.

2) 자연적 사고위험(재해)

자연적 요인에 의해서 나타나는 위험을 말한다. 풍수해, 지진, 해일 등에 의한 위험이 이 범주에 해당되며, 통상 자연재해 또는 재해라 한다.

(8) 노출여부에 따른 위험

위험의 외부 노출여부에 따른 분류이다.

1) 잠재위험

겉으로 들어나지 않고 속에 숨어 있는 위험이다.

2) 노출위험

외부에 겉으로 드러나 있는 위험이다.

4. 건물자산의 위험관리개념

(1) 위험관리의 의의

건물자산의 위험관리라 함은 위험이 발생하기 전에는 위험환경, 위험요소 등을 제거하거나 위험을 예방하고 위험이 발생하면 즉시 진압하며, 위험사고 발생 후에는 조기에 수습하거나 그 피해를 최소화하여 정상화하는 일련의 체계적인 안전활동을 의미한다.

건물자산관리에는 관리영역의 다양성과 함께 관리항목이 매우 복잡하여 하나같이 관리영역마다 잠재위험을 내포하고 있다.

이와 같은 잠재위험에는 현재 현존하고 있는 위험도 있으나 잠재되어 있는 위험도 있으며, 현재는 없으나 형성되어가는 미래위험도 있다.

이와 같은 잠재위험은 위험 그 자체로 존재하거나 숨어 있으면서 위험의 일생을 스스로 마치는 것이 아니라 일정한 환경이나 물적 결함 및 인적 결함과 결합하는 경우 사고로 이어지고, 사고가 피해를 가져오는 상태가 되면 재해로 발전하여 귀중한 인명의 손실이나 막대한 재산상의 손실을 초래하여 건물자산경영관리상에 치명적인 악영향을 미치게 된다.

그러므로 위험은 사고로 연결되지 않도록 격리해야 하며 부득이 사고가 발생했다 하더라도 그 사고가 경미한 사고로 종결되도록 철저한 관리를 해야 한다.

다시 말하면 건물자산의 위험관리란 위험이 발생되지 않도록 사전에 예방하고 그럼에도 불구하고 사고가 발생하면 즉시 진압해야 하며, 사고 후에는 조기에 수습하여 그 피해를 최소화하고 건물자산경영관리를 조속히 정상화시켜야 하는 데 필요한 활동을 말한다.

이상에서 설명한 위험관리와 관련하여 위험의 발전과정과 위험과 사고와 재해와의 진행과정을 요약하여 그림으로 구성하면 [그림 1-1]과 같다.

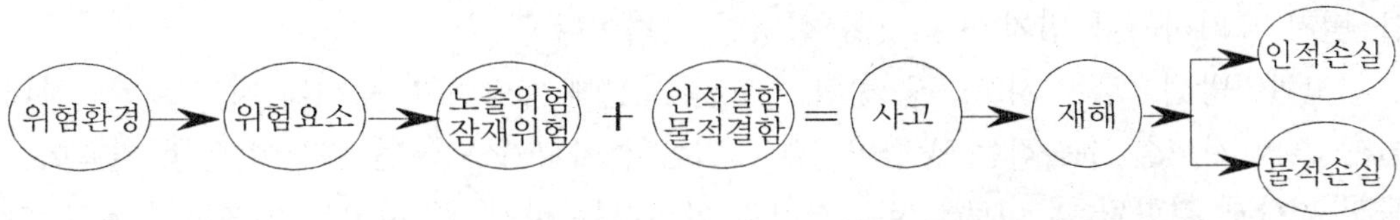

[그림 1-1] 위험의 발전과정과 사고진행과정

앞에서 설명한 바와 같이 사고의 직접적 원인인 위험이 건물관리현장에서 인식되려면 적어도 전단계에서 이미 위험환경이 존재하고 그 위험환경이 시간이나 어떤 기후나 조건과 만나면 위험요소로 형성되어 노출되거나 잠복하게 된다. 그러므로 초기단계의 위험은 인적·물적결함이나 환경 등의 조건과 격리·차단함으로써 예방할 수 있으며 위험은 사전에 제거할 수 있게 된다.

다시 말하면 위험으로 인식될 정도의 상태가 되기 전에는 위험환경이나 위험요소 단계에서 제거해줌으로써 사고로 발전되지 않도록 관리되어야 한다. 이를 위험예방관리라 한다. 위험예방관리에도 불구하고 부득이 사고로 이어지는 경우는 사고자체를 강력히 진압(화재의 경우 진화)함으로써 위험이 더 이상 확산되지 않게 되며, 위험사고가 종료하게 된다. 이를 사고진압이라 한다. 그 이후의 위험사고의 결과는 즉각적으로 수습하고 그 피해를 최소화하여 조기에 원상복귀하거나 건물자산관리현장을 정상화시켜야 한다. 이를 사고수습이라 한다. 결국 건물위험관리란 위험예방관리, 사고진압 조기수습 및 조기 정상화를 의미한다.

(2) 위험관리와 사고관리의 개념

위험이란 전술한 바와 같이 불확실성의 장래 변화가능성의 결과를 의미하는 것으로서 사고의 직접원인이 된다. 또한 사고란 영어로 accident를 의미하는 것으로서 고의성 없이 위험을 직접원인으로 하여 불안전 행동이나 불안전 상태가 간접원인(인적 결함)이 되어 능률저하 또는 작업의 진행저해·실패하게 하며 직접 또는 간접으로 인명의 손실이나 재산상의 손실(재해)을 가져오는 사건을 의미한다. 사고에는 무재해사고와 재해사고로 대별되며, 재해사고는 다시 인명재해사고(사상사고)와 손재사고(물적 피해사고)로 세분된다.

또한 이와같은 사고를 방지 또는 통제하는 것을 사고관리라 하여 사고관리개념은 직접원인인 위험과 간접원인인 불안전 행동이나 불안전 상태(환경)까지 관리하여 사고를 예방·진단·수습하는 것을 포함한 안전관리개념이다.

위험은 사고의 직접원인이 되므로 사고를 방지·예방하려면 사고의 직접원인인 위험을 먼저 제거하거나 방지하는 것이 현명한 방법이다.

사고관리방법으로는 사고발생 전의 사고는 사전에 예방하고, 발생된 사고는 진압하며 발생 후의 사고를 수습하는 방법이 있다. 위험이 사고가 되려면 위험이 인적 결함이나 물적 결함과 결합될 때 비로소 바람직하지 아니하는 사건, 즉 사고가 발생하게 된다. 그러므로 위험관리는 사고의 직접원인의 관리인데 비하여 사고관리는 사고의 원인이 되는 위험외에 인적결함이나 물적결함까지 관리해야 하므로 위험관리와 사고관리는 다소 상이하다. 다시 말하면 위험관리는 위험 그 자체를 예방·제거 또는 관리하여 생성되지 않게 하거나 예방함으로써 안전성을 근본적으로 확보하는 반면 사고관리는 위험 외에 결함까지 예방 또는 방지·진압함으로써 비로소 안전성을 확보하게 된다.

따라서 건물자산관리에 있어서 안전성 확보방법으로는 사고관리방법보다 위험관리방법이 가장 타당한 안전관리방법으로 평가된다.

(3) 위험관리개념과 유사개념

건물자산의 안전성 확보를 위하여 채택되고 있는 안전관리방법에는 전술한 바와 같이 위험관리방법이 있다. 위험관리의 개념의 본질적 의미는 모든 사고의 직접원인은 위험이고 위험이 인적 결함이나 물적 결함과 결합하면 사고로 이어지며 사고가 다시 재해의 원인이 되어 인적·물적 피해를 유발하게 되어 위험=사고=재해라는 등식이 성립된다.

그러나 종래의 건물자산관리에 있어서 안전성 확보이론으로 안전관리개념이 주로 사용되어 왔던 관계로 안전성 확보=안전관리라는 고정관념이 우리 모두를 지배하고 있다. 이와 같은 인식은 원인과 결과에 대한 인식의 오류와 함께 위험관리와 유사개념의 잘못된 인식으로 인하여 얻어진 착오이므로 용어의 개념과 안전관리방법에 대한 이론을 바로 잡고 수정할 필요가 있다. 따라서 위험관리와 유사개념 중 안전관리개념과 사고관리개념 그리고 재해관리개념에 대하여 상호 비교하여 건물자산관리에 있어서의 위험관리이론이 안전성 확보이론으로서 가장 타당한 안전관리이론임을 증명하고자 한다.

1) 위험관리와 안전관리개념의 비교

위험과 안전은 상대적 개념이다. 위험이 없으면 안전하고, 위험이 있으면 불안전하다. 즉 안전은 위험이 없는 상태를 의미하며, 안전은 위험을 사전에 제거 또는 예방하거나 진압하는 경우 자연적으로 확보된다. 즉 결과적으로 안전이 확보된다.

결국 안전은 위험관리의 부산물이자 위험관리의 결과임을 알 수 있다. 그러므로 건물자산관리에 있어서 안전성을 확보하려면 위험을 먼저 관리해야 한다. 왜냐하면 위험을 관리하여 사고의 원인을 제거・예방하는 경우 안전은 저절로 확보되기 때문이다. 그러므로, 건물자산관리에 있어서 안전이론으로는 안전관리개념(safety-management)보다 위험관리 방법이 유효한 방법이다. 또한 안전관리개념은 안전성 확보이므로 눈에 보이는 사람과 재산을 대상으로 사람에 대한 사망, 상해, 보상, 위해, 질병, 감염으로부터 자유와 재산감손에 대한 자유만을 안전이라 하여 전통적으로 사람과 재산에 대한 위험이 없는 것을 안전이라 인식하고 있다. 그러나 건물자산관리의 대상은 눈에 보이는 건물실체 외에 눈에 보이지 않는 관리대상(경제, 행정, 법률 등)이 있으므로 재산이나 사람 외에 관리하여 달성해야 하는 어떤 일이나 관리항목 및 업무가 있다.

이와 같은 일이나 업무의 실패요인 역시 위험이므로 건물자산관리에 있어서 안전성 확보 대상은 눈에 보이는 사람이나 재산 외에 눈에 보이지 않는 일이나 업무 등이 있음을 알 수 있다. 그러므로 안전관리개념(safety-management)보다 위험관리개념(risk-control)이 건물자산의 안전성 확보이론으로서 가장 타당한 안전이론으로 평가된다.

(4) 위험관리와 재해관리개념과의 비교

재해의 사전적 의미는 재앙에 의한 피해를 의미한다. 공학적으로는 외부의 에너지가 근로자의 신체에 접촉 또는 작용하여 근로자의 생명기능, 노동기능 등을 감퇴시키는 현상을 말한다. 또한 재해란 인적・물적 피해를 유발하는 사고를 의미한다.

결국 재해란 사고의 종류 중 재해사고를 재해라 하고, 무재해 사고는 경미한 사고 또는 인적・물적 손실이 전혀 없이 일어나는 위험한 순간들을 의미한다.

결론적으로 재해(loss)란 사고(accident)로 인하여 결과적으로 발생한 인적・물적 손실(인명과 재산의 손실)을 의미한다.

재해의 종류에는 천재지변에 의한 천재(天災)와 인위적 사고(사람에 의한 사고)인 인재(人災)가 있다. 전자는 불가항력에 의한 재해로서 전체재해 중 약 2%를 점하고 있으며, 예방이 거의 불가능하다. 후자인 인재는 전체재해의 약 98%에 상당하는 재해로서 예방이 어느 정도 가능한 재해이다.

또한 천재에는 지진, 해일, 태풍, 홍수, 가뭄, 이상기온(고온, 저온) 등이 있으며, 인재에는 폭발, 화재, 추락, 충돌, 약물중독(약재중독), 기기고장, 감전 등이 있다.

재해발생원인에는 환경적 요인, 시설설비요인, 대인적 원인 등이 있다. 환경적 재해발생원인으로는 온도, 습도, 조명, 소음, 진동, 환기 등을 들 수 있으며 시설설비의 원인으로는 정비불량, 기계노후화, 강도불량, 구조불량, 방호불비 등을 들 수 있다.

대인적 원인(사람이 원인)으로는 과로, 미숙련, 무지, 부주의, 태만, 지도무시, 지시부족, 지식부족, 경험부족 등을 들 수 있다.

재해발생은 하나의 요인에 의하여 일어나는 경우도 있으나 두 가지 요인 또는 세 가지 요인이 복합하여 발생하는 경우가 대부분이다.

재해는 주로 5단계를 거쳐 발생되며 마지막 5단계에서 재해가 나타난다. 참고로 재해발생 5단계를 살펴보면 다음과 같다.

① 1단계 : 사회환경＋유전적요소(간접원인)
② 2단계 : 인적 결함, 개인성격 결함(간접원인)
③ 3단계 : 불안전행동＋불안전상태(직접원인)
④ 4단계 : 사고발생
⑤ 5단계 : 재해발생

이상에서 재해의 일반개념에 대해서 살펴보았다. 결국 재해관리란 재해의 결정원인엔 불안전한 행동이나 불안전한 상태(재해발생 직접원인)를 배제하여 재해의 직접원인을 제거・예방하여 인적・물적 피해발생(5단계)을 방지하는 안전관리방법을 말한다.

다시 말하면 재해관리란 직접재해요인을 배제・제거함으로써 인적 손실을 예방 또는 방지하는 안전관리이론이다. 그러므로 위험관리개념과 비교해 볼 때 위험관리는 사고의 직접원인이 되는 위험 그 자체를 예방・방지하여 인적・물적 손실을 제거하는 안전관리이론이나 재해관리개념은 재해의 직접원인인 불안전 상태와 불안전 행동을 배제하여 인적・물적 피해를 방지하여 안전을 확보하는 안전이론이라 할 수 있다.

제3절 건물자산위험관리의 필요성

1. 의 의

건물자산관리에 있어서 안전성 확보는 필수적인 관리목표이다. 그러므로 건물자산관리에는 무엇보다 위험관리의 필요성이 있다.

위험관리의 필요성이란 사고의 직접원인이 되는 위험(불확실성의 장래 변화가능성의 결과)을 사전에 제거하거나 방지하여 사고를 예방하거나 진압 또는 수습하는 데 필요한 활동을 말한다.

건물자산관리는 거시적으로 양질의 관리서비스와 건물유익을 경제적인 방법으로 안전하면서 효율적으로 창출하고, 이를 통해 인간의 주(住) 문제를 해결하거나 개선하여 인간생존문제를 지원하는 것 외에 미시적으로는 건물자산의 소유자, 사용자, 이용자 모두를 만족하게 해야 하는 종합활동이므로 반드시 건물자산의 안전성 확보가 필수적인 관리항목이 된다.

건물자산은 그 자체가 인화물질의 집합체로 구성되어 있으며 건물 내외에는 가스, 유류, 고열 등 위험물질과 함께 전기, 펌프, 보일러, E/L 등 위험시설물이 산재되어 있어 언제나 사고발생의 개연성이 잠재되어 있다. 실제로 화재, 추락, 합선, 누전, 감전, 작업사고, 가스 폭발 등의 안전사고가 끊임없이 발생되어 인적·물적 손실이 계속 증가 추세에 있다. 특히 최근 10년간의 대형안전사고는 엄청난 인명피해와 막대한 재산손실을 초래하였다. 예컨대 1995년 6월 29일 발생한 삼풍백화점 붕괴사고는 502명의 사망자와 937명의 부상자를 양산한 결과 외에 건물 전체가 쓰레기더미로 변하여 엄청난 재산상의 손실을 초래하였다. 이와 같은 안전사고는 건물자산관리 목표의 하나인 건물자산의 경제적 가치제고에 정면으로 역행하고 있을 뿐 아니라 수익극대화의 건물자산경영 목표달성을 완전히 또는 부분적으로 저해하는 역기능을 나타내고 있다.

결론적으로 건물자산관리의 거시적 목적과 미시적 목적을 성공적으로 달성하려면 건물자산관리과정 중에 어떠한 안전사고라도 발생하지 말아야 하며, 이로 인한 인적 손실이나 물적 손실이 발생하지 않아야 한다.

다시 말하면 1년 365일 동안 안전성이 확보되어야 한다. 그러므로 안전성확보를 위한 건물자산위험관리는 계속적으로 진행되어야 하며 가장 경제적인 방법과 효율적 방법으로 건물위험을 관리하여야 한다.

다시 말하면 건물자산을 성공적으로 관리하려면 무엇보다 먼저 자산의 위험을 철저하게 관리할 필요성이 있다.

2. 위험관리 필요성의 배경

건물자산의 위험관리는 다음과 같은 이유와 목적 때문에 필요하다. 위험관리 필요성의 이유와 목적은 대체로 다음과 같다.

(1) 건물위험관리는 건물자산 경영관리 목표달성을 위하여 절대적으로 필요하다

건물자산의 경영관리 목표는 경제적 자산가치제고(사용가치, 교환가치)와 수익극대화 달성에 있다. 그러나 건물 내의 안전사고는 결국 인적·물적 손실을 초래할 뿐 아니라 건물기능의 상실 또는 저하로 경제적 가치제고와 수익극대화를 극도로 후퇴하게 하는 작용을 하게 된다. 그러므로 건물자산의 경영관리 목표달성을 위해서는 위험을 체계적으로 관리하여 안전사고가 발생하는 것을 방지해야 한다.

결론적으로 위험관리를 잘못하여 붕괴나 화재 등 안전사고가 발생하는 경우 건물자산 경영관리 목표를 달성할 수 없게 된다. 그러므로 건물자산의 경영관리 목표달성을 위해서 위험관리가 필요하다.

(2) 건물자산위험관리는 인명손실 방지를 위해서 필요하다

최근 10년간 국내에서 발생한 대형 안전사고로 인한 인명손실을 살펴보면 건물의 안전사고가 얼마나 많은 귀중한 인명을 앗아가는지를 알 수 있다. 건물안전사고는 붕괴나 화재와 같이 대형사고이므로 이로 인한 인명손실은 상상을 초월할 정도로 심각하다.

최근 10년간 대형 안전사고로 인한 인명손실(사망과 부상 및 실종) 현황은 다음과 같다.

① 1994. 10. 21. 성수대교 붕괴사고. 32명 사망, 17명 부상
② 1995. 4. 28. 대구지하철 가스폭발사고. 101명 사망, 146명 부상
③ 1995. 6. 29. 삼풍백화점 붕괴사고. 502명 사망, 2명 실종, 937명 부상
④ 씨 랜드(see land) 화재사고. 어린이 23명 사망
⑤ 인천호프집 화재사고. 57명 사망, 80명 부상
⑥ 경기도 광주예지학원 화재사고. 10명 사망, 25명 부상
⑦ 대구지하철 화재사고. 178명 사망, 103명 부상

이상에서 살펴본 바와 같이 건물(시설물 포함)의 안전사고는 귀중한 생명을 엄청나게

사망, 부상하게 하고 있음을 볼 수 있다.

또한 1990년부터 1999년에 이르는 10년간 화재사고 발생 건수는 239,712건에 사망 5,282명, 부상 14,738명의 인명손실을 기록하고 있다[자료 : 강병주(2004), 석사학위졸업논문 건물방제관리제도의 문제점과 개선방안에 관한 연구].

이와 같은 대량 인명손실의 원인을 살펴보면 건물은 인간의 삶과 생활과 일의 현장이며 기반시설이고, 장소이며, 일의 터전이고, 이용의 대상이므로 항상 다수의 사람이 상주하거나 재실하게 되며 출입 이용하고 있기 때문에 건물안전사고는 물적 손실과 함께 반드시 인명의 손실을 동반하도록 예정되어 있다. 그러므로 귀중한 인명의 손실을 방지하려면 반드시 건물자산의 위험을 철저히 관리하여 안전사고를 예방하여야 한다. 그러므로 인명손실을 방지하기 위해서 위험관리가 필요하다.

(3) 건물자산위험관리는 귀중한 자산의 보호를 위하여 필요하다

1990년에서 1999년 동안의 10년간 단일 화재사고로 인한 재산피해액은 건물손실 동수 140,478동, 소실면적은 무려 11.432,101m^2(3,464,273평)에 달하고 있으며 매년 346,427평이 우리의 시야에서 사라졌음을 알 수 있다.

손실금액으로는 977,293,000,000에 달하고 있다. 약 1조원상당의 귀중한 재산이 화재 단일 사고로 인하여 잿더미로 변하게 하였다. 매년 약 1조원의 금액이 사라졌음을 알 수 있다(강병주, 상게 논문).

이와 같은 금전적 손실은 화재사고의 원인인 화재위험을 예방함으로서 화재사고를 방지할 수 있었음에도 불구하고 안전의식의 결여와 안전불감증 및 인적·물적 결함 등으로 인하여 매년 되풀이되고 있다. 그러므로 위험관리는 철저히 해야 한다.

귀중한 자산의 멸실이나 감손방지를 위하여, 그리고 조기철거 및 방지 등의 건물자산 보호를 위하여 건물자산의 위험관리는 반드시 필요하다.

(4) 건물자산위험관리는 건물의 사회적 기능 보장을 위하여 필요하다

건물 소유주가 개인의 것이든 기업자산이든 또는 국유를 불문하고 건물의 완성 후 모든 건물은 사회적 기반시설이자 국가의 부로 평가되고 사회적 기반시설로 기능하게 된다.

다시 말하면 모든 완성된 건물은 사회적 기능을 하게 된다. 도시의 구성요소이자 사회기반시설이고 국부이기 때문이다.

예컨대 교통시설이 안전사고로 인해 파괴되어 교통기능을 원활히 못한다면 그 시설을 이용하는 대부분의 시민은 엄청난 교통의 불편을 감수해야 한다. 건물에 위험관리가 되지 아니하여 안전사고가 발생하는 경우 해당 시설물은 그 본래의 사회적 기능을 상실하거나 기능이 감소하게 된다.

따라서, 건물의 사회적 기능을 정상적으로 유지하여 국민의 불편을 방지하려면 건물자산의 위험관리는 대단히 필요하다.

(5) 건물자산위험관리는 건물의 최유효사용, 수익을 위하여 필요하다

건물경영관리의 목적에는 사용, 수익, 처분의 목적이 있다. 따라서 안전하게 사용하고 수익해야 한다. 안전하게 사용, 수익하기 위해서는 무엇보다 건물의 안전이 확보되어야 한다. 건물의 안전확보를 위해서는 건물자산의 위험이 철저히 관리되어 안전사고를 방지해야 한다. 그러므로 건물위험관리는 건물의 최유효 사용, 수익을 위하여 절대적으로 필요하다.

제4절 안전사고 증가의 사회적 배경과 건물의 내부적 환경

1. 안전사고 증가의 사회적 배경

건물자산관리 현장마다 '안전관리'라는 이름아래 안전관리조직을 편성하여 방화관리자, 보안관리자, 방재실장 등을 두고 안전성 확보에 나름대로 최선을 다하고 있다. 뿐만 아니라 국가 역시 시설물의 안전관리에 관한 특별법, 재난관리법, 소방기본법, 소방시설 설치유지 및 안전관리에 관한 법률, 위험물 관리법 등 안전관리법령의 체계를 갖추고 범정부차원에서 안전성 확보에 전력하고 있다.

이와 같은 건물자산관리 현장의 안전활동과 국가차원의 안전확보 노력에도 불구하고 유감스럽게도 안전사고는 매년 증가되고, 그 피해 규모가 날로 늘어나고 있다. 안전사고의 심각성은 국가는 물론 건물자산관리주체나 안전관리 종사자로 하여금 더 이상 방치할 수 없는 국가차원의 해결과제라 아니할 수 없다.

특히 화재의 경우 화재발생건수와 그 피해액의 증가현상은 건물자산관리 현장에서 더 이상 방치할 수 없는 중대재해라 판단된다.

안전관리 법령 제정, 안전제도 실시, 안전규정의 제정, 안전교육훈련의 실시, 안전수칙 부착, 안전제일운동 등 취할 수 있는 모든 안전조치에도 불구하고 늘어만 가는 안전사고 사이에는 분명히 규명해야 할 배경과 원인이 있는 것이 분명하다. 따라서 안전사고 방지를 위해 먼저 안전사고 증가현상의 배경부터 살펴보는 것이 보다 완벽한 안전관리를 위하여 현명한 태도라 판단된다.

안전사고 증가의 사회적 배경의 주요 내용을 살펴보면 대체로 다음과 같은 안전사고 증가의 배경이 있음을 알 수 있다.

(1) 국민의 안전의식 결여의 문제이다

사람의 마음속에는 무의식과 의식이 있다. 무의식은 어떤 사물이나 일에 대한 느낌이 없는 상태나 잠잘 때와 같은 상태를 의미하고, 의식은 깨어 있을 때의 마음의 작용이나 상태를 의미한다.

안전에 관한 주의나 깨어 있는 마음상태나 안전을 지키고자 하는 마음의 작용을 안전의식이라 한다면, 국민 대다수의 마음에는 이와 같은 안전의식의 결여가 팽배되어 있어 화재를 비롯한 안전사고의 증가를 가져오고 있다.

안전을 확보하려면 안전의 직접요인이 되는 위험에 대하여 의식하고, 인식해서 직접 안전활동을 함으로써 안전이 보장되게 한다.

그러나 안전에 대한 의식이 없거나 부족하다면 안전의 확보는 불가능하게 되거나 안전사고발생을 방지할 수 없게 된다.

이와 같은 안전에 관한 의식의 결여는 오늘날에도 안전사고의 증가를 가져오는 저변의 사회적 배경이 되고 있다. 안전의식이 결여된 국민 중의 특정한 사람을 고용하여 건물자산을 관리할 때 안전의식의 결여가 간접원인이 되고, 관리현장에 존재하는 인적 결함이나 물적 결함의 직접원인인 위험과 만나게 되면 대형 안전사고의 유발을 촉진하게 된다.

(2) 안전불감증의 문제이다

안전불감증이라 함은 위험이 얼마나 무서우며 안전이 얼마나 중요한지에 대하여 느끼지 못하는 증세를 의미한다.

대형 안전사고의 발생은 안전의식의 결여와 함께 안전에 관한 심각성을 느끼지 못하고 일을 하거나 생활함으로써 기인되며 또 하나의 안전사고 증가의 사회적 배경이 되고 있다.

(3) 타인의 안전은 나와는 상관없다는 인식오류의 문제이다

안전의 문제는 어느 개인의 문제로 국한되는 것이 아니라 우리 사회, 우리나라 전체 국민의 문제이므로 개인을 포함하여 우리 모두가 안전을 지키고 유지할 때 비로소 안전성이 확보되고 그로인한 인적 피해를 방지할 수 있게 된다.

나의 안전은 지키고 남의 안전은 방치하거나 무시한다면 남의 불안전이 나의 불안전으로 이어지는 이른바 안전의식의 오류는 사회전체의 불안을 가져오고, 불행을 자초하는 안전사고 유발을 촉진하고 증가시키는 또 하나의 사회적 배경이 되고 있다.

(4) 안전망각증의 문제이다

안전망각증이란 안전사고의 심각성을 사고 즉시 잊어버리는 증세를 의미한다. 대형 안전사고가 발생하면 조기 수습하여 정상화한 후에 사고의 원인을 규명하고 찾아내어 재발방지대책을 수립하고 교훈삼아 다시는 그와 같은 사고가 되풀이되지 않도록 잊지 말아야 한다.

그러나 유감스럽게도 우리 국민 중에는 안전불감증과 함께 안전망각증의 현상이 크게 나타나고 있어 동일 또는 유사 안전사고가 계속 발생되고, 증가되고, 되풀이되고 있다.

이와 같은 안전망각증은 안전불감증과 함께 조속히 치유되어야만 안전사고 증가를 방지할 수 있다.

(5) 건물자산안전에 대한 법령과 제도 및 운영상의 문제이다

현행 우리나라 안전관리관계 법령체계를 보면 소방기본법을 위시하여 재난관리법, 시설물안전에 관한 특별법 등 안전관리법령의 종류는 많으며 무수히 제정되어 시행되고 있다. 그러나 유감스럽게도 건물자산전체의 안전을 체계적으로 관리하기 위한 법령은 찾아볼 수 없다.

안전관리관계법령은 하나같이 안전관리대상이 제한적(예 시설물 안전관리에 관한 특별법의 경우 1종 시설물과 2종 시설물 안전에 국한)이고, 일정한 규모 이상이거나 특정소유대상(예 공공기관의 방화관리규정)에 한정하여 안전을 규율하고 있다.

즉 안전관리법령에 우선 문제점이 있다. 전체적이고 통일적인 안전기본법이 없고, 전체건축물의 안전을 커버하는 법령이 없다는 점이다.

안전제도 역시 모든 국민, 모든 조직의 구성원, 모든 회사원, 모든 입주자, 모든 사용자가 참여하고 안전을 공동책임으로 인식하는 제도가 운용될 때 비로소 국가 전체, 회사 전체, 입주건물 전체의 안전이 확보되게 된다. 현행의 안전제도는 대부분의 경우 부분적으로 참여하고 형식적으로 제도가 수립되어 안전확보에 차질을 빚고 있다.

또한 안전에 관한 관계법령이나 제도의 운용 역시 지극히 형식적이고 소극적으로 운용되는 경우가 상당부분 있음을 볼 수 있다.

건물자산관리 현장의 형식적인 소방훈련이 안전관리관계법령과 안전제도에 대한 형식적 운영의 대표적인 사례에 해당된다.

또한 국가의 재난방지를 위한 민방위훈련 역시 전체 국민의 참여없이 형식적으로 실시된다면 또 하나의 잘못된 안전관리제도 운영의 예라 할 수 있다.

2. 안전사고 증가의 건물의 내부적 환경

건물자산관리 현장에서 발생되는 안전사고 증가의 건물의 내부적 환경에는 크게 불안전 행동과 불안전한 상태의 방치를 들 수 있다.

(1) 불안전 행동의 방치

1) 불안전 행동의 의의

불안전 행동이란 인적 결함을 원인으로 일이나 업무를 감당할 때 침착하지 아니하고 작업기준을 무시하거나 안전수칙을 준수하지 아니하고 중간과정이나 동작을 생략한 체 대충대충 행동을 하거나 정상적이지 못한 행동을 하는 것을 말한다.

불안전 행동은 인적 결함으로서 물적 결함인 불안전한 상태와 함께 위험과 결합해서 사고를 유발하고 유발된 사고는 인적·물적 피해를 가져오는 재해를 일으키게 된다.

불안전 행동의 원인에는 능력부족(무경험, 미숙련), 부주의, 경솔, 규율부족, 교육부족, 정신적 부적합(쇠약, 장애, 건강상태 불량) 등이 있다.

안전사고의 약 98%는 이와 같은 불안전 행동에 의하여 유발된다는 통계를 볼 때 인적결함은 인재를 유발하고 증가시키는 첫번째 건물의 내부적 환경이 되고 있다.

불안전한 행동은 안전의식 교육과 안전역할 개선을 통하여 개선될 수 있다.

2) 안전의식 교육

안전의식 교육은 다음과 같이 실시되어야 한다.

교육 미이수로 인한 안전사고 방지를 위해서는 전적으로 안전교육 이전에 근무나 작업을 어떤 절차로 하는가에 대한 직무기초교육이 필요하다. 특히 신규 입사자, 직장보직 변경자들에게는 반드시 기초직무교육을 실시하여 일·근무·작업 등을 감당할 수 있도록 교육을 실시해야 한다.

신입사원이나 보직변경자에게 무조건 안전을 강조하기보다 직무기초교육을 실시해서 신입사원 등이 직무를 알게 하고 할 수 있는 방향으로 교육하여 교육실시 이후 불안전 행동이 나타나지 않도록 교육, 개선되어야 한다.

안전의식 교육은 다음과 같은 단계로 효과가 나타나도록 교육되어야 한다.

가) 1단계 : 감지단계

교육의 첫 단계로서 인간의 5감에 의해서 감지하는 단계이다. 이와 같은 첫 단계에서 교육내용을 감지하게 된다.

나) 2단계 : 이해단계

감지한 내용을 이미 가지고 있는 지식과 정보를 통해 이해하는 단계이며 의식을 갖는 단계이다.

다) 3단계 : 판단단계

감지하고 이해한 것을 자신의 가치관에 따라 판단하는 단계로 가치관에 따라 행동을 거부할 수도 있다. 의지를 갖는 단계이다.

라) 4단계 : 행동단계

마음(의지)의 지시에 의하여 행동하는 단계이다.

이와 같이 교육을 실시하더라도 교육을 받는 피교육자는 4단계를 거쳐 비로소 행동함으로써 정확한 감지와 이해 그리고 올바른 가치관에 의하여 판단하고 적극적이고 긍정적으로 행동할 때 비로소 교육의 효과는 정상적으로 나타나게 된다.

이와 같은 단계별 교육의 효과과정으로 볼 때 정상적인 안전한 작업 또는 근무 행동을 하도록 의지를 가지고 결심하게 하는 교육이 필요하다. 즉 교육의 개선이 필요하다. 뿐만 아니라 감지되고 이해된 지식을 할 수 있는 기능으로 전환하고 안전한 행동을 하는 의지를 갖는 방향으로 교육이 개선되어야 한다.

가치관의 전환이 필요한 방향으로 교육이 개선되어야 불안전 행동이 개선될 수 있다.

작업·근무 방법을 다 알고 있었고 안전을 위한 근무절차, 안전도구 사용법, 안전규칙 등 모두 다 알고 있었으나 고의 또는 의지 부족으로 하기 싫어서, 귀찮아서, 일부러 하지 않았다 등의 경우는 가치관(사고방식)을 바꾸어 안전행동해야 한다는 방향으로 교육될 때 비로소 불안전 행동이 나타나지 않게 된다. 즉 안전의식교육은 안전에 대한 의식을 먼저 갖게 하고 의식을 의지로 바꾸어 안전행동을 하게 하도록 실시되어야 한다. 이와 같은 교육은 불안전 행동을 안전행동으로 바꿀 수 있다.

3) 안전역할 개선

종전의 안전관리활동을 방재실장, 보안팀장, 안전관리자, 방화관리자만의 고유업무로 인식하여 안전관리업무를 전담함으로써 안전관리효과는 매우 저조하게 나타나고 있다.

따라서 안전관리조직 역시 범사적으로 개선되어야 하며, 관리종사자의 역할도 안전제일주의 달성을 위하여 다음과 같이 개선되어야 한다.

가) 경영자(소유자)의 안전역할

① 안전관리방침을 결정한다.

② 이를 관리자(총괄관리자, 관리주체)에게 시달한다.

③ 계속 안전에 관심을 가지고 지휘 감독한다.

나) 건물총괄관리자의 안전역할

① 시달받은 안전관리방침에 따라 안전관리계획서를 작성한다.

② 건물관리감독자에게 다시 시달한다.

③ 진행과정을 조정 · 통제 · 평가 · 개선한다.

④ 진행과정을 경영자에게 정기적으로 보고한다.

다) 건물관리감독자의 안전역할

① 시달받은 안전관리계획서에 따라 세부안전 세칙 및 수칙을 작성한다.

② 이를 관리근무자에게 시달 · 교육 · 조정 · 통제 · 감독 · 평가 · 개선 · 보고한다.

③ 진행과정을 건물총괄관리자에게 정기적으로 보고한다.

라) 관리근무자의 안전역할

① 시달받고 교육받은 안전관리 세칙과 수칙을 준수하고 이행한다.

② 시달받고 교육받은 안전실천 내용이 이상하거나 불합리한 경우 즉시 감독자에게 확인한 후 다시 이행한다.

(2) 불안전 상태의 방치

불안전한 상태란 물적 결함이나 위험환경 구조적 불안전, 안전설비 부족, 작업환경의 부적합, 시설설비의 결함, 에너지의 결함 등의 상태를 의미한다.

이와 같은 불안전 상태는 인적 결함을 원인으로 하는 불안전 행동들과 함께 안전사고 유발의 직접원인이 되는 건물내부적 환경이다.

또한 불안전 상태의 방치는 안전사고 유발을 일으키고 인적 · 물적 피해를 가져오는 재해로 귀결된다. 따라서 다음과 같은 결함개선을 통하여 해결하여야 한다.

1) 시설 · 설비의 결함 개선

시설과 설비는 부재와 부품으로 이루어져 있으며, 이와 같은 부재와 부품은 내구 연한이 원칙적으로 정해져 있다(사용 잘못의 경우, 특수한 기후환경의 경우, 예외적으로 정상적 내구연한보다 단축됨). 따라서 정해진 내구 연한 전에 시설의 부재, 설비의 부품 등을 교체 또는 교환해주어야 시설과 설비의 정상적 기능을 장기적으로 유지할 수 있다.

그러나 안전을 강조하는 관리현장에서 경제성을 앞세워 부품이나 부재를 정상 주기에 교체하지 않는 것으로 인하여 시설과 설비에 결함이 잠재되게 되고, 이러한 잠재결함이 위험과 만나게 되면 사고를 유발하게 된다. 따라서 건물관리현장에서는 경제성보다 안전성이 강조되어야 하고 이를 위한 실천이 우선되어야 한다.

즉, 언제나 건물관리현장에는 안전제일주의가 지켜지도록 안전성이 최우선적으로 강조되어야 한다. 다시 말하면 경제성 제일주의가 안전성 제일주의로 전환되어야 한다. 이와 같이 개선되려면 건물의 소유자나 경영자의 의지와 협조가 절대적으로 필요하다.

2) 작업환경의 개선

안전한 작업, 안전한 근무는 작업근무의 환경의 영향을 받게 된다. 정리, 정돈, 청결 등은 안전한 작업과 근무를 보장하여 재해를 방지해주게 된다.

특히 작업장(근무장 포함)의 소음, 진동, 매연, 분진, 낮은 조도, 온도, 습도, 출입통제 불능 등의 환경요소들은 작업사고 발생과 밀접한 관계를 가지고 있다. 안전을 확보하려면 안전을 강조하기 전에 작업환경을 안전한 작업환경이 되도록 개선하지 않으면 안 된다. 작업 전에 안전에 저해되는 제요소들을 안전요소(안전환경요소)로 바뀌도록 개선해야 한다.

3) 에너지사용 결함 개선

에너지는 적정한 에너지, 정품의 에너지를 사용법에 맞게 사용하고 관리해서 건물 사용에너지에 결함이 생기거나 잘못 사용이나 보관으로 인한 안전사고의 발생을 예방하여야 한다. 에너지는 그 자체가 위험한 것이 아니라 잘못 사용하거나 잘못 관리할 때 안전사고를 유발되기 때문이다.

제5절 건물자산위험관리의 대상

1. 위험관리대상의 범위

종전의 건물자산안전 관리개념은 좁은 의미의 건물관리개념인 기술관리분야에 해당되는 관리업무로 인식하면서 건물의 안전문제 역시 기술관리의 대상인 건물의 시설과 설비에 국한된 안전문제로 인식되어왔다. 그러나 오늘날 건물안전관리의 개념이 협의의 관리개념에서 최광의 관리개념으로 변화되어 관리내용이 기술관리분야를 포함한 경영관리(경제관리, 행정관리), 법률관리 및 환경관리, 위험관리영역까지 확대되었다.

따라서 위험관리 대상의 범위 역시 기술관리대상, 경영관리대상, 법률관리대상, 안전관리대상, 환경관리대상으로 확대되었다.

그러므로 안전관리의 내용도 기술관리의 대상인 시설과 설비에 존재하는 안전사고를 유발하는 위험의 원인을 규명하고 이를 제거함으로써 안전사고 예방에 힘쓰는 외에 건물의 경영에 피해를 가져오는 경영손실의 위험이나 건물소유권에 직접·간접으로 피해를 가져올 수 있는 법률위험의 유발원인을 규명하고 이를 해결함으로써 건물 경영적 사고, 법률적 사고와 환경적 사고 등을 사전에 차단하는 이른바 건물에 관계되는 기술·경영·법률·안전·환경의 사고유발요인 위험 모두를 규명하는 관리활동 외에 위험 원인을 근본적으로 제거하는 관리활동도 병행하여 건물위험으로 인한 안전사고가 절대로 발생되지 않도록 하여야 한다. 따라서 건물의 실체 위에 나타나는 화재사고, 안전사고, 작업사고 등의 기술위험 외에 눈에 보이지 아니하는 무형의 건물관리대상인 경영위험, 법률위험, 환경위험, 보안위험 등이 관리대상에 포함된다. 전자는 안전관리개념으로 후자는 위험관리개념으로 접근하는 것이 안전성 확보에 유효하다.

2. 기술위험관리의 대상

건물기술위험관리대상에는 건축물(시설)위험, 건축설비위험, 건물위험물위험, 작업위험 및 건물(물건)하자위험 등이 있다.

(1) 건축물(시설)위험

건물의 구성 중 건축물(시설)에 관련된 위험요소를 찾아내어 이를 제거함으로써 건물의 안전을 유지하고자 하는 것으로 시설의 위험에는 옥상난간 추락위험, 옥상고가수조의 도괴위험, 건축외벽 마감재 낙하위험, 외부 돌출간판 추락위험, 지반침하, 하중 등에 의한 골조붕괴나 부분도괴, 누수, 동파, 박락 등이 이에 해당되는 위험관리 대상이다. 특히 건축물(시설)의 위험관리대상에는 화재위험이 있다.

(2) 건축설비위험

건물의 구성에는 건축대지 및 시설과 함께 각종 건축설비가 장착되어 설비의 운전과 작동에 의하여 나타나는 기능에 따라 건물사용자가 쾌적성과 편리성, 안전성 등을 얻어 건물사용에 만족을 느끼게 된다. 그러나 이러한 기능을 나타내는 설비 중에는 전기설비, 가스설비, 냉난방설비, 이동설비, 각종 펌프 등 안전을 해할 수 있는 각종 전기화재나 폭발, 감전, 추락 등의 사고를 유발하여 인명피해와 재산상의 손해를 가져올 수 있으므로 기술관리대상 중에서 위험설비의 관리문제가 가장 중요하게 다루어져야 할 것으로 판단된다.

건물의 위험설비에는 대체로 다음과 같은 설비 등이 있다.

1) 전기설비위험

전기설비안전에 관한 연구는 감전재해 전기설비, 전기작업, 전기화재 및 정전기재해 전기설비, 방폭 등에 관하여 검토되어야 하며 전기위험설비에는 수변전 설비가 주로 이에 해당된다.

2) 기계설비위험

건물의 기계설비 중에는 보일러 등 공기조화설비, 가스설비, 각종 펌프, 엘리베이터 등의 이동설비, 소방설비 등이 위험기계설비 범주에 해당된다. 기계설비 중 보일러에는 고압·과열에 의한 폭발위험이 있으므로 특별안전관리대상이 된다. 또한 난방·냉방을 위한 연료로 가스를 사용하게 되는 가스설비에서도 가스누출에 의한 폭발·화재·질식 등의 위험이 있다.

이동설비 중에 엘리베이터 역시 추락위험이 있는 관계로 운전시 주의를 요하는 위험기계설비 분야이다. 기계설비의 재해원인이 되는 것으로는 물적 원인인 기계 자체의 결함으로 인하여 안전문제가 발생되는 것과 관리자나 작업자에 의하여 일어나는 인적 원인에 의하여 안전사고가 발생되는 것 등 두 종류로 나눌 수 있다.

3) 가스설비위험

가스설비에는 고압가스설비, LPG설비, LNG설비, 도시가스설비 등으로 분류하며, 건물의 안전관리와 관련하여 가장 고려되어야 할 가스설비에는 도시가스설비가 있다. 건물관리와 관련한 가스안전 관리사항은 다음과 같다.

① 가스저장에 관한 사항
② 가스사용시설에 관한 사항
③ 가스의 일반적인 성질에 관한 사항
④ 가스의 운반 취급에 관한 사항

가스사고시 사고의 원인·조사·분석 및 대책에 관한 사항 등이 검토·연구되어야 한다. 가스의 누출은 곧 화재나 폭발·질식 등과 연결되므로 건물관리에 있어서 또 하나의 위험이 된다.

4) 이동설비위험

건물의 이동설비에는 엘리베이터, 에스컬레이터, 곤도라, 카리프터 등이 있다. 이와 같은 이동설비 중 가장 안전에 문제가 되는 이동설비는 엘리베이터와 에스컬레이터인바 이에는 협착, 추락, 전도 등의 사고가 자주 발생한다. 안전사고방지를 위한 안전점검사항은 대체로 다음과 같다.

가) 엘리베이터 정기점검사항

① 전동기 및 전동반전기
② 마그네트 브레이커
③ 플로어 컨트롤러
④ 수전반, 제어반, 신호반
⑤ 조속기
⑥ 카관련 부분장치
⑦ 도어 개폐기구 및 각층 도어장치
⑧ 각층 위치표시기 및 승강 버튼
⑨ 카측레일 및 균형추축레일
⑩ 균형추
⑪ 승가로 및 피트 내각장치
⑫ 상하 및 리밋 스위치
⑬ 주요표 및 조속기 로프
⑭ 상기 각 기계부분의 먼지 및 기름제거

나) 에스컬레이터 정기점검사항

① 구동기
② 전동기
③ 마그네트 브레이커
④ 수전반, 제어반
⑤ 각 체인 안전장치 및 비상정지장치
⑥ 상하 터미널 레일 및 구동장치
⑦ 스탭 및 롤러
⑧ 핸드레일 및 구동장치
⑨ 각종 조작비트
⑩ 상기 각 기계 부분의 먼지 및 기름부족

(3) 건물위험물위험

건물을 관리하여 시설설비의 기능을 유지하기 위해서는 전기・가스・유류 등의 에너지 사용이 불가피하나 이들 에너지가 위험물로서 화재 및 폭발의 원인이 되므로 기술위험관리의 대상이 된다.

이밖에도 인화물질, 돌출간판, 외벽마감재, 옥상의 대형간판, 고가수조 등에는 위험이 존재하므로 건물안전관리의 주요 관리대상이 된다.

(4) 건물작업위험

건물의 기술관리를 위해서 반드시 수행되어야 하는 점검・보수・정비・교체・보강 등의 작업은 위험을 동반하는 위험작업이다.

따라서 작업위험 역시 기술위험관리의 대상이 된다.

(5) 건물(물건)하자위험

설계나 시공의 잘못으로 발생된 건물하자와 완성된 건물에 일정기간 적용되는 하자담보책임 기간 동안 관리 소홀로 하자 발생에 대한 보수보강이 제대로 실시되지 못할 경우의 건물하자위험은 기술위험관리의 대상이 된다.

3. 경영위험관리의 대상

건물관리는 비수익성 건물의 경우에는 경영의 위험문제는 크게 존재하지 않으나 오늘날과 같이 건물이 하나의 경제적 이익을 창출하는 투자수단인 수익성 건물에 있어서는 경제적 이익창출에 포커스를 맞추어 경영되고 있다고 해도 과언이 아니다. 그러므로 건물의 경제적 가치보존은 경제내용연수 동안은 물론, 경제적 내용연수 경과 후에도 일정한 수준의 건물 경제가치 보존이 유지되어야 하고 이로 인한 임대료・관리비 등의 경제적 수익이 건물 경영계획의 목표대로 창출되어야 하는 경제관리 측면이 있다. 따라서 건물 경제가치의 하락을 가져오는 환경적 요인, 행정적 요인, 기술적 요인, 법률적 요인 모두를 찾아내어 이를 제거함으로써 계속해서 건물의 경제적 가치보존을 유지하고 경제적 이익창출을 통한 투자비 조기환수 및 투자의 적정 수익을 얻을 수 있도록 경제손실위험(자산가치 손실위험), 경영손실위험 등을 방지하지 않으면 안 된다.

건물경영위험관리대상에는 ① 경영손실위험, ② 관리예산 누수위험, ③ 관리비 적자위험, ④ 경영환경변화위험, ⑤ 건물(부동산)자산가치 하락위험, ⑥ 회계부정위험, ⑦ 피해보상위험, ⑧ 공실손실 보전 위험, ⑨ 금전사고위험 등이 있다.

4. 법률위험관리의 대상

법률위험관리의 첫번째 대상으로는 건물이 부동산의 일종인 관계로 그 부동산 소유권 상실에 관한 위험이다.

온전한 소유권 보존은 말로 하면 쉬운 개념이나 실제로 소유권 보존을 정상적으로 유지하기란 쉽지 않음은 건물소유자나 관리자의 관리경험에서 충분히 경험할 수 있을 것이다.

두번째로 법률위험 관리대상에는 계약사고위험이 있다. 건물관리에는 임대차계약, 용역계약, 납품계약, 도급계약 등 여러 종류의 계약행위가 비정기적으로 발생하게 되는데 계약체결 과정에서는 물론 계약체결 이후에도 법률상 위험이 언제나 나타날 수 있다. 따라서 계약에 관한 위험이 중요한 법률위험관리의 대상이 된다.

세번째는 법률위험관리 대상에는 건물관리관계법령에 관한 위험이 있다. 소방기본법, 위험물관리법 등 수십 종류에 달하는 관리관계법령에서 이행을 강제하거나 규제하는 조항이 무수히 많을 뿐 아니라 불이행시 강제적으로 책임을 져야 하는 형사벌과 행정벌 등이 위험요소로 등장하고 있다. 이밖에도 가압류, 가처분 등의 임시보전조치와 물상보증행위, 민원 등이 또 하나의 법률적 위험대상이 된다.

네번째, 공적 서비스에 관한 위험이 또 하나의 법률위험관리의 대상이 된다. 왜냐하면 건물의 정상적 성능과 가능유지를 위하여 공적 서비스(전기, 가스 등)를 적기에 적절히 공급받아야 하기 때문이다.

다섯번째, 또 하나의 법률위험관리 대상에는 권리하자에 관한 위험이 있다.

권리하자는 관리상에 관계되는 권리상에 흠결이 생겨 피해나 책임이 발생되는 위험을 말한다.

5. 환경위험관리의 대상

환경위험 관리대상은 대체로 다음과 같다.

① 생활환경오염위험
② 위생보건위험(질병감염위험)
③ 수질오염위험
④ 공기오염위험
⑤ 소독약재중독위험
⑥ 자연재해위험

⑦ 조경시설물 고사위험 등

6. 보안위험관리의 대상

건물안전관리 위험대상에는 건물범죄에 해당되는 위험으로서 이에는 다음과 같은 유형의 위험들이 있다.

① 건물 살인사건위험
② 건물 강도사건위험
③ 건물 절도(도난)사건위험
④ 무단침입위험
⑤ 불법점거 및 기물파손위험
⑥ 건물 내 불법파업위험
⑦ 고의적 폭파위험
⑧ 고의적 방화위험
⑨ 수돗물저수조 독극물 투여위험
⑩ 건물질서파괴위험
⑪ 기타 풍속사고위험 등

제6절 건물자산위험관리방법

1. 위험관리방법의 의의

위험관리방법이란 위험을 제거 또는 최소화하여 위험사고가 발생하지 않도록 취하는 일체의 수단을 의미한다.

위험을 그 성질상 완전무결하게 근원적으로 해결할 방법은 없으나 적어도 건물관리에 있어서 인적·물적 손실(재해)을 초래하는 재해사고를 미연에 방지(위험예방)하고 피해를 최소화하며 부득이 사고가 발생했을 때 이를 조기에 수습, 건물의 기능을 정상화시키는 일련의 방법을 위험관리방법이라 한다.

2. 위험관리방법의 종류와 내용

위험을 사전에 예방하거나 피해의 최소화, 또는 조기수습 정상하는 데 도움이 되는 위험관리방법에는 다음과 같은 방법이 있다.

(1) 위험통제방법

위험의 존재형태를 분석해보면 일반적으로 하나의 위험으로 인식되기 이전 단계에 위험환경과 위험요소 등이 존재하고 있다. 이미 생성된 위험환경과 위험요소를 통제라는 체계적인 기법을 통하여 위험의 강도나 발생회수, 규모 등을 사전에 줄이거나 예방하는 방법을 위험통제방법이라 한다. 위험통제방법은 위험관리에 있어서 가장 효과적인 방법으로서 건물안전관리활동에 크게 기여하게 될 것이 분명하다. 안전관리자에 의한 위험통제는 매우 효과적인 안전관리방법이라 할 수 있다.

(2) 위험회피방법

위험회피방법은 위험이 생성되기 전 단계의 위험요인과 위험환경을 피하는 방법이다. 위험과 서로 만나지 않도록 위험성 있는 작업이나 관리활동을 미리 착수하지 않음으로써 위험을 피해가는 방법을 말한다. 예컨대 건물 내 담배꽁초에 의한 화재위험을 회피하기 위해서 건물 내 쓰레기를 일과 중에 완전히 제거하는 것이 위험회피방법이 된다.

인적·물적 손실 발생의 가능성마저 사전에 차단함으로써 건물위험 사고가 발생되지 않도록 하는 방법이다.

(3) 위험전가방법

위험발생을 인정하고 위험발생에 주의하되 부득이 위험사고가 발생하면 이를 제 3자에게 부담하게 하거나 책임지게 하는 방법이다.

즉, 용역업자의 책임으로 발생된 손해(위험)를 용역업자 영업배상보험을 통하여 부담(전가)시켜 해결하거나 건물화재의 피해를 화재보험사에 전가시켜 책임지게 하는 방법이다. 위험전가방법을 위험사고 발생시에 적용하려면 사전에 화재보험계약을 하거나 용역계약 전에 영업손해배상보험에 가입함으로써 위험전가방법을 사용할 수 있다.

(4) 위험보유방법

건물의 보수 보강을 갑자기 실시하기 위해서는 일정한 비용이 들게 되며, 이와 같은 비용은 일시에 조달하기에는 여러 가지 문제가 있으므로 사전에 준비(준비금)하고 수선충당금을 준비하는 것이 현명하다. 임대 아파트나 건물의 공실률이 크게 상승하면 임대손실위험이 있을 수 있으므로 미리 이를 대비하여 임대손실보전충당금을 사전에 준비하여 두었다가 실제 임대손실(위험)이 발생하면 이에 충당하여 위험을 보유함으로써 위험을 해결하는 방법이다.

건물의 물리적 내용연수에 의한 감가상각을 대비하여 재건축 준비금을 매월 적립하여 가는 것도 위험보유방법에 해당된다.

(5) 위험예지방법

관리대상에 형성되고 있는 위험환경이나 위험요소들이 위험으로 생성되기 전단계에 위험 여부를 예측하는 방법이다.

위험환경이나 위험요소를 미리 예상하거나 예측하는 방법은 매우 어려운 위험관리방법으로 고도의 훈련(위험예지훈련)과 경험을 필요로 한다. 그러나 위험예지방법은 위험을 근원적으로 예방하고 방지하는 위험관리방법이라 할 수 있다.

위험예지를 하기 위해서는 관리대상에 대한 끊임없는 관찰과 점검이 필요하다.

(6) 예방정비보수방법

기계적 결함이 위험을 생성하므로 기계적 결함을 사전에 정비·보수함으로써 위험을 관리하는 방법이다.

부품이나 장비 등을 내용연수 전에 교체·교환하여 기능저하로 발생되는 위험을 사전에 예방하는 방법이다. 이를 위해서 그 시설과 설비의 내용연수 관리와 함께 예방점검과 정비 및 보수·보강이 적절히 수행되어야 한다.

(7) 위험교육훈련방법

위험을 예방·방지하기 위한 행동요령이나 근무절차 안전수칙 등을 관리종사자 전원에게 교육훈련하여 위험사고를 방지하거나 최소화하는 방법이다.

이를 위해서는 TBM 안전교육, 방화관리교육과 훈련, 안전수칙의 개시 등이 실천되어야 하고 정기적으로 이루어져야 한다. 위험교육훈련방법은 인적 결함을 제거하거나 위험을 방지하는 방법이다.

(8) 도상훈련방법

안전사고가 발생하였을 때를 대비하여 행동요령과 역할을 도상훈련을 실제와 같이 실시하여 피해를 최소화하고 관리대상 건물의 사고를 조기에 수습하고 정상화시켜 원상회복시키는 방법이다.

(9) 안전점검 및 정밀안전진단방법

정기적으로 안전점검을 실시하고 중대한 위험이 예상되는 경우 정밀안전진단을 실시하여 위험을 방지 또는 최소화하는 방법이다. 참고로 이 책 말미에 정밀안전진단에 관한 내용을 수록하였는바 이를 참고하기 바란다.

(10) 안전책임제 실시방법

안전관리자, 방화관리자, 방재실장, 방화책임자(정 · 부), 숙직자, 안전당직자 등의 명칭으로 일일안전당번제 등의 안전당번책임제를 실시함으로써 건물위험을 예방 또는 방지케 하는 방법이다.

(11) 무재해운동방법

전체 건물관리 구성원이 1년 365일 동안 내내 담당업무에 있어 인적 · 물적 피해가 발생되지 않도록 무재해운동 계획에 의해 위험을 관리하는 위험관리방법이다.

무재해운동 실시의 성과에 따라 표창, 포상, 휴가, 상금, 인사고과 반영, 승진 등을 실시하고 잘못된 점을 분석하여 유사사고가 재발하지 않도록 제도적으로 보완해나간다면 무재해운동이야말로 위험관리에 크게 기여할 수 있는 방법이 될 것이다.

제2장

건물자산안전사고의 발생원인과 예방대책

제1절 화재사고의 발생원인과 예방대책

제2절 폭발사고의 발생원인과 예방대책

제3절 추락사고의 발생원인과 예방대책

제4절 전기감전사고의 발생원인과 예방대책

제5절 붕괴사고의 발생원인과 예방대책

제6절 기계설비 안전사고의 발생원인과 예방대책

제7절 법률사고의 발생원인과 예방대책

제8절 경영위험사고의 발생원인과 예방대책

제9절 환경사고의 발생원인과 예방대책

제10절 보안사고의 발생원인과 예방대책

제1절 화재사고의 발생원인과 예방대책

1. 화재사고 발생원인

(1) 화재의 의의

건물안전관리와 관련한 주된 사고에는 건물화재사고, 시설안전사고, 보안사고 등이 있으나 이 중에서 가장 위험하고 문제되는 안전사고는 건물화재사고이다. 건물의 화재사고란 사람들의 고의에 의하거나 의도에 반하여 건물에 발생하는 연소현상으로 소화를 필요로 하는 화재사고를 말한다.

화재란 가연성물질이 점화원과 산소와 결합하여 화학적 반응을 일으키고 열과 빛을 발생하는 현상을 의미하며, 가연성물질이 사람의 의도에 반하여 사람의 생명 및 신체나 재산상의 큰 피해를 가져오는 재난이라 할 수 있다.

또 연소의 의미는 다량의 열을 수반하는 발열 화학반응으로 반응에 의해 발생되는 활성화 성분이나 열에너지에 의해서 자발적으로 반응이 계속되는 현상을 의미한다.

연소반응은 대부분 가연성물질이 산소와 반응하여 빛과 열을 동반하는 급격한 산화반응이라고 볼 수 있다. 물질이 연소하기 위해서는 가연물과 산소공급원과 점화원 등 3가지 요소가 존재해야 한다. 이를 연소의 3요소라고도 하며, 보통 화재의 삼각형 도해로 설명되고 있다. 최근에는 화재의 3요소에 연쇄반응이라는 요소를 가미하여 화재 4요소로 설명하고 있으나 일반적으로 화재 3요소를 화재의 필수요소로 이해하고 있다.

(2) 화재발생 요인

화재발생의 요인은 다음과 같다.

첫째, 화재발생요인에는 가연물의 존재를 필요로 한다. 건물의 가연물에는 ① 고체 가연물, ② 액체 가연물, ③ 기체 가연물 등 3종류가 있다.

둘째, 산소공급원이 필요하다. 산소공급원의 내용에는 ① 공기, ② 산화제, ③ 자기반응물질 등이 포함된다.

셋째, 마지막 화재발생 요인에는 점화원(점화 에너지)으로서 건물에는 다음과 같은 화재 점화원이 있다. ① 전기스파크 불꽃, ② 정전기 불꽃, ③ 마찰 및 충격의 불꽃, ④ 고열물체, ⑤ 단열압축에 의한 열, ⑥ 산화열, ⑦ 담뱃불, ⑧ 합선, ⑨ 누전으로 인한 고열 등이 있다.

넷째, 화재발생 요인에는 연쇄반응이다. 연소에 대한 종래의 견해는 ① 가연물, ② 산소공급원, ③ 점화원(점화 에너지) 등 3요소만 있는 경우 연소가 발생하여 화재로 이어진다는 설명이었으나, 관계 학자들의 꾸준한 연구결과 연소는 연소 3요소 외에 연쇄반응이라는 새로운 요소가 가미하여 화재의 내용을 이룬다고 정의하고 있다.

다시 말하면 연소과정에서 수소이온(H+)과 수산화이온(H-)을 발생하고 이것이 여러 단계를 거쳐 연쇄적으로 확대되어간다는 화재의 신이론이다.

(3) 화재의 피해내용

건물화재의 피해를 대별하면 인명피해와 재산피해 두 종류로 나눌 수 있다.

인명피해란 화재사고로 인한 생명과 신체의 손상, 즉 사상자 발생을 의미한다. 재산피해는 부동산과 동산의 피해를 의미하며 그 정도는 소실된 연면적, 물건의 종류 등으로 표시되며, 피해정도는 액수로 나타난다. 피해액의 산정은 원칙적으로 행정자치부령의 피해액산정기준에 따라 물건의 현재가격을 기준으로 하여 산출된다.

이상에서 건물관리에 있어서 건물 내·외부로부터 여러 가지 화재요인에 의하여 화재가 발생되고 있는 현상과 연소요소 및 피해내용을 살펴보았다. 참고로 우리나라 1년간의 화재발생건수와 피해내용을 살펴보면 다음과 같다. 2001년도 행정자치부 화재통계연보에 의하면 2000년 한해동안 화재발생 건수는 34,844건에 531명 사망, 1,853명 부상, 재산피해액 1,519,972,000,000원에 달했으며, 건물소실 동수는 19,109동에 소실면적이 무려 1,373,108㎡(416,093평)에 달하였고 이재민 수는 4,794명을 기록하였다.

결론적으로 건물에는 화재위험이 항상 상존하고 있으며 매년마다 건물화재가 엄청난 규모로 발생하고 그 피해액 또한 엄청난 규모임을 알 수 있다.

(4) 화재 종류별 발생원인

건물의 화재발생에 관한 통계에 따르면 전기에 의하여 발생되는 건물화재가 가장 큰 비중을 차지하고 있다. 건물화재의 발생원인을 살펴보면 주로 전기화재, 가연성가스화재, 유류화재, 담뱃불 화재, 방화화재, 실화화재, 난로화재, 불장난·불티화재 등으로 나타나고 있다.

1) 전기화재

전기화재는 주로 전기선의 합선이나 전기기기 등의 구조적 결함과 취급부주의 및 취급소홀, 그리고 안전수칙 미준수 등이 그 원인이 되고 있다. 또한 과전류나 단락 및 누전과 전기불꽃, 그리고 전선의 접촉 불량, 벼락등에 의하여 전기화재가 발생하고 있다.

2000년도 화재발생 건수 34,844건 중 전기로 인한 화재건수는 11,796건으로 전체 화재건수 대비 33.9%를 점하여 담뱃불(12.3%), 방화(7.3%)보다 수위를 기록하고 있다. 2000년 한해에 발생한 전기화재 피해는 73명 사망에 389명의 부상자, 58,985,000,000원의 재산피해를 가져왔다.

2000년 1년간 발생한 건물화재를 분석해 보면 전체 화재건수 34,844건 중 전기화재 11,796건(33.9%), 담뱃불 4,303건(12.3%), 방화 2,559건(7.3%), 불티 2.179건(6.3%), 불장난 1,696건(4.9%), 가스 1,590건(4.6%), 아궁이 677건(1.9%) 난로 489건(1.4%), 유류 368건(1.1%), 성냥양초 288건(0.8%)로 나타나고 있다.

전기화재 원인은 다음과 같다.

① 스파크(spark) 방전에 의한 화재발생
② 누전에 의한 화재발생
③ 접속 불량으로 인한 과열에 의한 화재발생
④ 절연 손상에 의한 화재발생
⑤ 과전류에 의한 화재발생
⑥ 단락에 의한 화재발생
⑦ 열의 축적에 의한 화재발생
⑧ 지락에 의한 화재발생
⑨ 벼락에 의한 화재발생
⑩ 정전기에 의한 화재발생

가) 누전에 의한 화재

누전의 의미는 전선 기타 전기기기의 노화, 기계적 손상 등으로 인한 파괴나 절연 등에 의하여 전류가 누설되는 현상을 의미한다. 누전되어 장시간 계속되면 발열이 되는데 이때, 주변에 있는 인화성물질에 착화원으로 작용하여 화재가 발생한다. 누전전류의 화재발생 최소치는 300~500mA이다.

나) 과전류에 의한 화재

전류가 전선에 흐르는 경우 그 전선에 비례하는 열이 발생하는데 그 전선이 막아낼 수 있는 방열보다 더욱 커지게 되면 과전류(과부하나 전선불량 규격미달의 전선 굵기에서 나타난다)로 인하여 허용용도를 초과하게 되어 직접 발화나 간접적으로 피복이 탈락·발화하여 착화원의 발화원이 되어 화재를 일으킨다.

다) 스파크에 의한 화재발생

전기회로나 스위치나 버튼 등으로 되어 있어 단속 또는 단락되는 경우에 스파크가 발생하게 되는데 특히 유도성회로의 단락이나 단속의 경우 스파크는 심하게 발생한다. 스파크가 발생되면 공기 중에 오존이 형성되어서 도전성을 띄게 되어 있다. 스파크와 가까이 있는 가연성가스, 고체, 증기 등이 있으면 폭발이나 직접적으로 인화를 유발하게 된다.

라) 단락에 의한 화재

전선이나 전기기계 등에 절연체가 전기 또는 기계적인 원인으로 파괴 혹은 노화로 인한 합선됨으로 인하여 발화할 때를 의미한다. 단락전류는 대체적으로 1000mA~1500mA이고 이로 인한 스파크로 주위 인화성물질에 착화되어 화재로 이어진다.

마) 접속불량에 의한 과열로 생기는 화재

전선과 전선, 전선과 단자 등의 접속상태가 불량할 경우 접속저항이 커져서 발열현상이 나타나게 되는데 그 부분에 산화열 팽창, 열수축 등을 유발시켜 발화원이 되어 화재 발생의 원인이 되기도 한다.

바) 절연손상에 의한 화재

옥내배선이나 가구배선의 절연체 등은 오랜 시간이 경과하면 절연성이 노후화하여 누전회로를 구성하게 된다. 탄화가 점차 증가하여 고온에 이르게 되면 절연파괴가 발생하게 되어 단락, 스파크, 접속부과열 등을 일으켜 발화원을 형성하여 화재의 원인이 된다.

사) 열의 축적에 의한 화재

전기담요, 전기장판, 전기난로 등과 같은 열을 발생하는 전구·전등을 쉽게 탈 수 있는 가연물 주위에서 사용한다든가 열의 발산이 제대로 안 될 경우 열이 점차적으로 축적되어짐으로써 가연물을 발화시켜 화재를 유발한다.

아) 지락에 의한 화재

전주상의 고압애자가 파손시에 목재전주의 경우 전류가 흐름으로 인해 전주에 화재가 발생한다. 고압의 경우 직접적으로 대지와의 사이 금속물질이 없다 하여도 목재는 탈 수 있기 때문이다.

자) 정전기에 의한 화재

정전기는 이물질의 마찰 혹은 정전유도에 의해 발생되는 것으로 발생전계는 각 물질의 유전율 면적·습도·온도 등에 의해서 좌우되며 정전기에 의한 화재발생은 정전기·스파크에 의한 것이 대부분이다.

차) 벼락에 의한 화재

벼락에 의해 전기회로에 이상전압이 발생하여 절연물을 파괴시킬 뿐 아니라 이때 흐르는 대전류가 화재의 요인이 되어 화재를 발생시킨다.

전기화재의 발화원별 화재발생 비율을 보면 다음과 같다.

① 이동 전열기기 화재 : 35%
② 배선으로 인한 화재 : 27%
③ 전기기기에 의한 화재 : 14%
④ 전기장치에 의한 화재 : 9%
⑤ 배선기구에 의한 화재 : 5%
⑥ 고정전열기기에 의한 화재 : 5%
⑦ 기타 원인 : 5%

2) 담뱃불화재

건물내부에 모아둔 쓰레기더미에 무심코 던진 담뱃불이나 페인트 도색작업 중 신나 등을 사용(분무)하면 분진이 작업장 내에 머물게 되는데, 이때 담배에 불을 붙이는 순간 화재가 발생하게 된다. 담뱃불은 흡입시 무려 800℃ 이상의 고열을 지니고 있어 함부로 담배꽁초를 가연물질 위에 던지는 경우 화재로 직결되어 대형 화재로 이어진다. 담배는 피울 때보다 피우고 난 후 꽁초 처리에 특별한 주의가 필요하다.

3) 불장난화재

어린아이들의 불장난으로 성냥 · 라이터 · 양초 · 난롯불 · 모닥불 등에 의해 자주 발생한다.

4) 방화(放火)화재

사람의 고의에 의한 방화는 동시다발로 발생하여 인적 · 물적 손실을 가져오는 대형 화재로 이어진다. 주로 원한관계나 정신적 질환에 의하여 저질러지므로 건물관리로 인하여 어떤 종류의 원한 문제가 생기지 않도록 주의해야 한다. 또 건물소유자의 원만한 대인관계도 화재예방에 도움이 된다. 방화는 주로 새벽이나 야간에 발생되며, 동시다발로 화재가 발생하므로 진화에 어려움이 뒤따른다.

5) 가스화재

가스화재는 가연성 가스에 의하여 발생하며, 주로 천연가스와 프로판가스(LPG라고도

한다)에 의하여 화재가 발생한다. 천연가스는 원유 생산시에 부산물로 생산되는 것이고 프로판가스는 원유를 휘발유 등으로 정제할 때에 생기는 가스이다. 특히 이들 가연성 가스는 인화점이 낮아 화재위험이 매우 높으며 폭발성이 강하여 위험하다. 건물화재가 가연성 가스로 나타나는 경우에는 대형 화재나 대형 참사가 될 위험성이 있다.

6) 유류화재

겨울철에 주로 발생하는 화재는 난방기기에 사용하는 유류의 취급부주의에서 나타나는 화재가 대부분을 차지하고 있다. 유류는 휘발성이 강한 휘발유·석유·등유·경유 등과 식물성 기름을 포함한다. 휘발성이 강한 기름에 의한 화재는 진화가 매우 힘들다. 왜냐하면 순식간에 화재가 번져 소방시설에 의한 진화속도가 미처 따라갈 수 없고, 소방차 등 소방장비가 도착하는 데 상당시간이 소요되기 때문이다.

유류취급은 유자격자가 취급해야 하고 취급시에는 특별한 주의를 기울여야 한다.

7) 건물의 화재 발생 증가이유

건물안전관리 업무 중에서 방화관리 업무가 가장 중요하고 위험한 업무이다. 그러므로 소방관계법에 따라 방화관리자 선임을 의무화하고 방화관리를 전담하도록 규정하고 있다. 그러나 앞서 지적한 바와 같이 건물화재 발생은 증가추세에 있어 방화관리에 큰 문제로 대두되고 있다.

따라서 건물화재 발생 증가원인을 고찰해보고 다음 장에서 설명하고자 하는 위험사고 방지대책의 자료로 삼고자 한다.

건물화재가 계속 증가 발생하는 이유는 대체로 다음과 같다.

① 건물내부에는 전기스파크나 정전기 불꽃, 마찰, 충격의 불꽃, 고열물체, 산화열, 단열·압축의 열, 담뱃불 등의 다양한 점화원이 존재하고 있다는 점이다. 이 밖에도 건물의 다양한 점화원으로는 전기 합선으로 인한 불꽃, 방전을 일으키는 정전기 불꽃, 누전으로 인한 고열, 합선으로 인한 전기스파크, 작업중 발생하는 불꽃, 디젤엔진의 전기 불꽃, 낙뢰 등이 있다. 이와 같이 다양한 점화원이 항상 건물에 존재하여 화재발생의 증가원인이 되고 있다.

② 건물 내외부에 가연물질이 다량으로 존재하고 있다는 점이다. 가연물질에는 전술한 바와 같이 액체 가연물, 고체 가연물, 기체 가연물이 있는데 건물에는 이상과 같은 3가지 가연물들이 모두 존재하고 있다. 특히 기체 가연물로는 냉·난방과 취사용으로 사용하는 천연가스와 프로판가스가 건물 여러 곳에 존재하며, 휘발성이 강한 액체 가연물에는 휘발유, 경유, 벙커C유, 신나 및 공

업유, 식물용 기름 등이 있다. 그리고 고체 가연물에는 목재, 플라스틱, 섬유, 고무 등의 내외장재 자재들이 건물내부와 외부에 산재해 있다.

이와 같은 가연물질이 다양한 점화원과 결합하고 산소가 공급되면 즉각 화재로 이어져 인명과 재산피해가 발생한다. 특히 고층 화재는 대형 참사의 가능성이 큰 경우이므로 방화관리에 철저를 기해야 한다.

③ 건물에는 산소공급원이 함께 존재한다는 점이다. 산소공급원의 주된 내용은 산화제와 공기 및 자기 반응성 물질이 함께 포함된다.

④ 화재에 관한 안전의식의 결여이다. 관리자나 기타 종사자들의 안전의식의 결여는 화재발생을 증가시키고 있다. 안전의식의 결여는 부주의·태만 그리고 부자연스러운 행동, 안전장치 소홀로 나타나 실수를 하게 되고, 그것이 화재로 이어지게 된다.

⑤ 다수의 건물사용자가 건물의 전기용량을 무시한 채 전기기기의 이기적인 사용으로 전선에 과전류를 흐르게 하는 경향이 점증되고 있다는 점이다. 특히 집합건물의 경우 사용자의 전기기기 사용은 통제하기 어렵고, 관리자가 방심하거나 무시하는 경우 그 건물의 전기용량을 초과하게 되어 과전류를 만들게 된다. 이와 같이 과전류가 흐르게 되면 전선에 고열이 발생되어 스스로 타거나 인화물질에 접하여 화재로 돌변하게 된다.

⑥ 사용자와 관리자의 방심이다. 무심코 던지는 담뱃불, 낡은 전기설비 부품의 미교체, 점검시기 상실 등의 방심이 화재위험사고의 증가원인이 된다.

⑦ 형식적인 소방교육과 훈련이다. 심지어 방화관리자마저 실제로 임명하지 아니하고 서류로만 선임한 건물이 있는가 하면, 소방조직을 형식적으로 구성하거나 소방교육 훈련마저 형식적으로 실시하여 소방·방화 활동이 효과를 얻지 못하고 있다. 이와 같이 형식적인 방화조직, 교육, 훈련이 계속되는 한 건물화재사고는 계속 증가될 것으로 판단된다.

2. 화재사고 예방대책

(1) 의 의

건물의 위험사고 중 기술위험에 해당하는 화재위험은 귀중한 생명과 재산의 손실을 가져오는 대형 위험사고이므로 이에 관한 예방과 방지는 매우 중요한 건물안전관리과제이다.

화재의 이론과 발생원인에 대해서는 제1절에서 이미 살펴보았으므로 이 절에서는 화재방지를 위한 예방대책에 대하여 살펴보고자 한다.

(2) 화재사고 예방대책의 내용

건물화재의 발생은 전술한 바와 같이 주로 다음의 원인에 의해 발생한다.

① 전기로 인한 화재
② 담뱃불로 인한 화재
③ 불장난으로 인한 화재
④ 방화에 의한 화재

이와 같은 발생원인에 의한 화재는 귀중한 인명을 앗아가고 막대한 재산을 잿더미로 사라지게 함으로써 최선을 다하여 방지 또는 예방하지 않으면 안 된다. 건물화재는 주로 화재발생 원인에 의하여 발생되므로 원인별로 화재에 대한 방지대책을 살펴 이를 토대로 화재예방에 최선을 다해야 한다.

1) 전기화재 예방대책

전기화재 예방대책은 대체로 다음과 같다.

① 노화전선 등 교체
② 전기기기 수시점검
③ 인화성물질 특별관리
④ 과전류·누전·단락으로 인한 화재예방용 누전차단기 설치, 화재경보기 설치
⑤ 정전기 발생억제
⑥ 대전량 축적방지
⑦ 피뢰설비설치
⑧ 발화원 특별관리(특히 전기작업용접 불똥)
⑨ 전기안전수칙, 전기작업안전수칙 준수
⑩ 이동전기 전열기기 감시 철저

2) 담뱃불화재 예방대책

2000년도 화재원인을 분석해보면 담뱃불로 인한 화재는 전체 화재원인 중에서 무려 12.3%나 차지하고 있어 전기에 의한 화재(33.9%) 다음으로 화재빈도가 높은 화재이다.

담뱃불에 의한 화재는 주로 무심코(방심하고) 던진 담뱃불이 인화물질에 접촉되어 일어나고 있다. 따라서 담뱃불에 의한 화재 예방대책은 다음과 같다.

① 건물 내 인화물질 제거 또는 단속, 쓰레기 특별관리
② 건물 내 전체 공간을 담배 금연구역으로 설정, 입주자협조 요망
③ 사용자 금연 실시
④ 인화물질 중심으로 순찰강화
⑤ 방화구역제 실시

3) 가스화재 예방대책

가스에 의한 화재 예방대책은 다음과 같다.

① 가스누출방지
② 물분무에 의한 냉각(용기 등에 빠르게 살수한다)
③ 누출된 가스는 안전한 방법으로 확산
④ 점화원 차단(착화원 단속)
⑤ 누설원 차단
⑥ 누설시 신속히 가스안전공사에 신고
⑦ 환기실시(빗자루 등으로 쓸어낼 것)
⑧ 지속적인 감시와 순찰
⑨ 배관・용기 등은 안전기준에 맞는 것 사용(특히 지하매설물 부식방지 장치를 할 것), 건물내부의 매설배관은 스테인리스나 동관(내식성 재료)을 사용할 것
⑩ 가스누출 차단장치 및 누설경보기 설치
⑪ 가스안전수칙 준수
⑫ 가스취급 유자격자만 가스관리취급

4) 불티화재 예방대책

불티는 주로 작업현장에서 용접작업시 발생되므로 다음과 같이 조치해야 한다.

① 용접작업현장 내의 화재위험지역(인화물질 있는 장소)에는 용접작업시 매우 주의를 기울여야 하며, 감독관이 정위치하여 작업완료시까지 감시할 것
② 작업장 내에는 인화물질을 두지 말 것
③ 소화기를 비치하고 작업할 것
④ 작업불티 보호장치를 할 것
⑤ 작업안전수칙을 준수할 것

제2절 폭발사고의 발생원인과 예방대책

1. 폭발사고 발생원인

(1) 폭발의 의의

폭발사고는 건물 내에서 독립적으로 발생하거나 화재사고와 동반하여 발생하는 안전사고로서 화학적 변화의 결과로 일어나는 폭발, 화학적 폭발, 물리적 · 기계적 폭발, 원자폭발 등의 종류가 있다. 화학적 폭발은 가스의 폭연, 먼지의 폭연, 분해, 농무상태인 액체의 폭연 등을 포함하므로 위험이 높은 폭발이다. 기계적 폭발에는 고압에 의한 보일러의 파열이나 노후된 기관에 의한 가스실린더의 파열 등이 있다. 핵반응에 의한 원자폭발의 위험은 핵발전소 건물에 상존하고 있는 폭발위험이다.

(2) 폭발의 성립조건

폭발은 다음과 같은 성립조건을 충족할 때 발생된다.

① 점화원이 있어야 한다.
　건물에는 다양한 점화원이 상존함으로 관리에 어려운 점이 있으나 그 점화원을 최소화하도록 노력해야 한다. 특히 불을 가지고 작업하는 경우 점화원 단속에 크게 신경을 써야 한다.

② 밀폐된 공간이 있어야 한다.
　특히 건물 내에서 페인트 작업 중 시너성의 재료를 분무하여 발생된 입자가 밀폐된 실내에 존재하는 경우 점화원에 노출되면 폭발과 함께 화재가 발생한다.

③ 가연성가스, 분진, 증기 등이 폭발범위 내에 있어야 한다.

(3) 폭발의 종류

건물의 구성요소 중 하나인 건축설비부분에 있어서 폭발위험이 상존한다. 건물의 폭발에는 대체로 다음과 같은 폭발의 종류가 있다.

1) 화학적 변화의 결과로 일어나는 폭발

이는 화학적 변화의 결과로서 폭연과 폭명을 포함한다. 폭연의 내용은 건물화재의 발생과 유사한 것으로 반응을 일으키지 않는 물질에 전도・대류 또는 방열 등의 전달에 의한 발열반응, 무반응물질에 대한 연소지역의 확대는 음속보다 느린 속도로 진행된다. 폭명은 물질의 내부나 외부로부터의 충격파에 의해 발생되는 발열반응을 말하는데, 열의 영향은 충격압력에 의한 것으로 음속보다 빠른 속도로 연소가 진행되는 것을 의미한다.

2) 화학적 폭발

가스의 폭연 또는 폭명과 먼지의 폭연 그리고 농무상태 액체의 폭연 분해를 포함한다. 가스와 기화공기의 혼합체는 가연성과 폭염성에 한계가 있다. 하한계의 혼합체는 너무 약하며 상한계의 혼합체는 너무 강하다고 할 수 있다. 하한계와 상한계는 양자택일을 할 수 없고 서로 다른 온도와 압력상태에서 동일물질의 양자가 발생할 수 있다는 내용이 가스의 폭연과 폭명에 해당된다. 먼지의 폭연은 모든 분진이 다 폭발하는 것이 아니지만 표면적을 증가시키고 점화를 용이하게 한다.

3) 물리적・기계적 폭발

건물기계의 폭발은 압력을 방출한다. 예를 들면 고압에 의한 보일러의 파열, 기관의 노후에 의한 가스실린더의 파열 등을 들 수 있다.

4) 원자폭발

핵반응에 의한 원자폭발을 들 수 있다. 핵발전소 건물의 경우 발생할 수 있는 위험요소이다.

이상에서 살펴본 바와 같이 건물에 있어서 건물내부에서 발생될 수 있는 화학적・물리적・기계적 폭발 외에 외부로부터 물리적 힘에 의한 건물의 폭발위험도 가정할 수 있다. 특히 폭발이 위험한 이유는 건물의 폭발은 건물의 전부 또는 부분적이든간에 1차 폭발 후 발생되는 2차적 영향으로 고속도의 파편조각으로부터 발생되는 미살인 효과 때문이다. 이러한 건물의 파편이나 조각들이 건물내부는 물론 건물로부터 멀리 떨어진 곳에 위치하고 있는 사람의 살상이나 물건을 못쓰게 만들 수 있으므로 건물의 폭발위험 또한 그 피해정도가 화재보다 심한 경우 더 클 수도 있는 또하나의 건물위험이라 할 수 있다.

(4) 폭발재해의 분류

건물폭발에 의하여 발생되는 재해에 대하여 분류하면 대체로 다음과 같다.

① 혼합가스폭발재해
② 가스분해폭발재해
③ 분진폭발재해

④ 혼합위험성물질에 의한 폭발재해
⑤ 폭발성화합물의 폭발재해
⑥ 증기폭발재해

(5) 화재의 폭발원리

1) 연소의 3요소

가) 가연물

산화작용을 일으킬 수 있는 물질을 말한다.

나) 산소공급원

산화작용을 일으킬 수 있게 하기 위해 산소를 포함하는 공기의 공급을 해주어야 한다.

다) 점화원

반응에 필요한 활성화 에너지를 주는 물질로 화기, 연돌・건조설비 등의 고열물, 전기기구 등이 있다.

2) 반응속도의 요인과 연소

가) 온 도

높을수록 반응속도가 빠르며 연소범위도 넓어진다.

나) 압 력

부피가 작아지는 기체반응에서 압력을 크게 하고, 커지는 반응에서 압력을 작게 하면 반응속도는 증가한다.

다) 농 도

농도가 진할수록, 즉 분자의 충돌횟수가 많을수록 반응물질도 많아진다.

라) 촉 매

정촉매는 반응속도를 빠르게, 부촉매는 느리게 한다.

마) 입자크기

표면적이 넓을수록 반응속도는 빨라진다.

마) 햇 빛

반응시 햇빛을 받으면 반응속도는 빨라진다.

3) 연소조건

산화되기 쉽고, 접촉면이 넓을수록, 발열량이 많을수록, 열전도율이 적을수록, 건조율이 좋을수록 연소하기 쉽다.

(6) 폭발재해의 원인

1) 혼합 가스폭발

가연성가스와 조연성가스가 일정한 비율로 혼합된 것을 말하며, 발화원에 의해 착화하면 가스폭발을 일으킨다. 수소, 천연가스, 아세틸렌, LP가스, 휘발유, 벤젠, 톨루엔, 알코올, 에테르 등 가연성액체로부터 나온 증기 등이 포함된다.

2) 가스의 분해폭발

발열하는 분해가스는 발화원에 의해 착화되면 혼합 가스와 같이 가스폭발을 일으킨다. 아세틸렌, 산화에틸렌, 브로파디엔, 히드라진 등이 여기에 속한다.

3) 분진폭발

가연성고체의 미분이나 가연성액체의 연무(mist)가 일정농도 이상으로 공기와 같은 조연성가스 중에 분산된 상태로 있을 때 발화원에 의해 착화됨으로써 일어나는 폭발이다. 유황, 플라스틱, 식품, 사료 등의 분말, 마그네슘, 티타늄 등 신화반응열이 큰 금속물질 등이 포함된다(∴100㎛ 이하의 미세한 분진에서 폭발이 일어나며 가스폭발과 화약폭발의 중간형태이다).

4) 혼합 위험성물질에 의한 폭발

산화성물질과 환원성물질의 혼합물로 혼합 직후 발화·폭발하거나, 혼합 후 어떤 충격이나 가열에 의해 폭발을 일으키는 것 등이 있다.

5) 폭발성 화합물의 폭발

폭발을 유발할 수 있는 물질이 화합할 때 폭발이 일어난다.

6) 증기폭발

물이나 유기액체 또는 액화가스 등의 액체들이 과열상태가 되어 순간적으로 증기화할 때 폭발현상을 나타낼 수 있다.

7) 위험도

폭발하한계를 U_1, 폭발상한계를 U_2라 할 때 어떤 물질의 폭발위험도는

$$H=\frac{U_2-U_1}{U_1}$$

으로 나타난다. 즉 폭발범위가 넓고 폭발하한계가 낮을수록 위험도는 증가한다.

2. 폭발사고 예방대책

(1) 폭발사고 예방대책의 개요

폭발은 점화원과 밀폐된 공간 및 가연성가스·분진·증기 등이 폭발범위 내에 있어야 성립된다. 혼합 가스의 폭발은 프로판이나 수소와 같은 가연성가스와 열과 공기의 3요소에 의해서 발생하게 된다. 따라서 폭발위험사고의 예방과 방지대책은 다음과 같다.

폭발은 대부분의 경우 화재를 동반하므로 화재와 함께 예방대책을 강구해야 한다. 폭발의 예방은 폭발성립조건(가능성)을 제거하거나 방폭 등의 안전장치가 필요하다.

① 가스·증기 또는 분진 등이 폭발범위(농도) 내에 들지 않도록(도달하지 않도록) 작업장에 환기·배기·제진 조치
② 폭발위험장소에는 착화원이 될 수 있는 전기기기나 설비·설치금지
③ 부득이 설치할 경우 최소의 것으로 하되 방폭구조(발화원이 되지 않는 것)의 것만 설치
④ 사용가스의 발열방지
⑤ 가스와 발화원을 완전격리
⑥ 보일러 관리자 정위치 근무
⑦ 보일러는 구조 및 강도 규격제품 사용
⑧ 고압조절을 위한 압력방출장치 부착, 사용압력 이하에서 작동유지
⑨ 보일러 설비는 6개월에 1회 정기점검, 이상 발견시 즉시 보수 조치
⑩ 압력방출장치 1년 1회 정기점검
⑪ 보일러 게이지 글라스를 부착 항상 수위 확인
⑫ 보일러 연소실 내 잔여가스 완전배출 및 확인
⑬ 보일러 가동 전 압력방출장치, 압력제한 스위치 작동여부 반드시 점검
⑭ 연소실 내 환기·통풍장치 점검
⑮ 가스누설과 균열유무 확인
⑯ 급수펌프와 고저수위 장치 상호기능 확인
⑰ 특고압수전반 ⊕⊖에 부분 누수방지

⑱ 가연성가스 작업시 점화원 철저 격리
⑲ 안전점검 철저
⑳ 가스취급안전수칙 준수

(2) 화재 및 폭발방호

1) 소방대책

화재가 발생하지 않도록 최초의 발화를 방지하는 대책으로 근본적인 방화대책이 수립되어야 한다. 여기에는 출화물질이 되는 위험성 물질과 여기에 발화의 에너지를 주는 발화원을 안전하게 관리하는 방법 이외에는 없다. 나아가 근본적으로 화학 공정도에 대하여 폭발을 일으킬 모든 가능성을 점검, 전시스템에 걸쳐 온도, 압력조정, 불순물, 유독, 밸브의 조작, 계측, 세척 및 기타 모든 조건들이 발생할 수 있다는 가상으로, 그 중 폭발을 일으킬 가능성을 찾아낸 다음 확실하게 폭발을 예방할 수 있도록 페일 세이프(fail safe)의 원칙을 적용하여 대책을 세워야만 한다.

2) 국한 대책

화재가 발생하게 되었을 때 그 화재를 연소에 의해 확대되지 않도록 하는 대책이다.

① 가연물의 집적 방지
② 건물 · 설비의 불연화
③ 방화벽 · 방유제 및 방액제 등의 정비
④ 공한지의 확보
⑤ 위험물시설 지하매설의 고려

즉 이 대책은 폭발의 피해를 될 수 있는대로 경감하려는 대책이다.

3) 소화대책

가) 초기소화

출화(出火) 직후 성장기에 들어가기 전에 적응소화기를 이용하여 소화하는 것이 바람직하다.

나) 본격적 소화

공장 내의 자위소방대 또는 공설소방대에 의한 소방활동으로 어느 규모 이상의 화재로 확대되면 본격적인 소방력에 의존할 수밖에 없다. 그러나 가장 중요한 것은 인명의 구조이고, 차선으로 화재가 다른 곳으로 확대되는 것을 방지하고, 가연물을 빨리 다른 곳으로 이동시키고 대피하여야 한다.

4) 피난대책

평상시 미리 안전한 피난구역을 설정하여, 익히고, 옥내의 피난계단은 각 층마다 방화셔터를 설치하여 연기 및 화염이 계단실에 들어오지 않도록 하여야만 한다. 그밖에 활강대 및 방향제시를 위한 유도표시 및 유도등을 설치하여야만 한다.

5) 소방시설

가) 소화설비

물 또는 기타 소화제를 사용하여 소화작업을 하는 기계·기구 또는 설비로서 옥내소화전, 소화기, 스프링클러, 옥외소화전, 물분무 소화설비나 동력 소방펌프설비 등이 있다.

나) 경보설비

화재발생을 통보하는 기계·기구나 설비로 자동화재탐지설비, 전기화재경보기, 소방관서에 통보하는 자동화재속보설비, 경종·확성기 등의 비상경보기구 및 비상경보설비(비상벨, 사이렌) 등이 있다.

다) 피난설비

피난용으로 미끄럼대, 피난사다리, 구조대, 완강기, 유도등, 방열복, 공기호흡기 등이 있다.

라) 소화용수설비

소화수로, 저수지 등의 소방차용 용수시설이다.

마) 소화활동상 필요설비

배연설비, 연결살수설비, 비상콘센트설비 등의 유효한 소화활동을 위한 설비들이다.

6) 위험장소 구분

① 제0종 장소 : 위험 분위기가 보통상태에서 장시간이나 연속하여 지속되어 형성되는 장소

② 제1종 장소 : 보통상태에서 위험한 분위기를 만드는 장소

③ 제2종 장소 : 이상의 상태에서 폭발범위 내에 있는 장소, 이곳에서는 본질적인 방폭안전구조를 사용하여야만 한다. 운전을 더 이상 허용하면 안된다.

(3) 화학설비안전

1) 안전성

안전성은 위험의 여러 가지 형태에 따른 실패순서 및 결과에 대해 다루는 부분으로 특히 화학공정은 여러 장치요소들이 복잡하게 서로 연결되고 상호 영향을 미치고 있기 때문에 공정시스템에서는 각 부분의 장치요소별로만 그 안전을 따지는 것이 아니라 시스템 전체에 대해 안전성을 다루어야 한다.

2) 안전성의 관계

가) 건물과 기계장치

부식·화재·폭발 등과 같은 건물과 기계장치의 위험성과 독연·독물 등에 의한 근무자의 위험성 또는 부주의에 의한 일반적인 사고를 가능한 한 내재하지 않도록 설계하여야 한다.

나) 주요 안전성과 화재의 위험성

① 제조공정의 위치 : 부식, 폭발, 화재의 위험성

② 건물

- 배치와 높이 : 경제적이며 최대의 안전과 방화구조
- 건물형식 : 방화벽, 차폐물
- 여유 : 철모, 두상과의 여유, 통로 등
- 물의 공급 : 방화용 수전과 호스
- 전기위험 : 고압선·변전소
- 통풍
- 조명

다) 제조공정

① 새는 것과 엎질러짐 : 가스나 액체의 스며나옴, 거품, 분무, 안개

② 유독한 증기 : 그것을 금하는 법령

③ 밀폐한 계통 또는 효율좋은 통풍

④ 연소 : 인화성물질과 연소성물질

⑤ 인화점과 발화온도

⑥ 폭발과 기폭 : 증기, 먼지

⑦ 용기의 폭파

⑧ 물질의 분해

⑨ 정전기

라) 기계장치

형식(위치, 보호법, 조절, 응급처치)

(4) 안전점검

1) 재급유 작업안전

① 급유작업은 유자격자의 감독하에 수행되고 있는지 여부
② 급유장치는 양호한 상태에 있는지 여부
③ 급유를 할 때 주변에서 금연이 지켜지고 있는지 여부
④ 급유용 호스 및 노즐은 접지되어 있는지 여부
⑤ 급유가 끝난 후 탱크의 뚜껑을 닫고 있는지 여부
⑥ 소화기는 곧 사용 가능하며, 형태 · 용량 및 크기는 적절한지 여부
⑦ 유류용 안전용기를 사용하고 있는지 여부
⑧ 무선장치를 사용중에 있는 항공기에 급유를 하는 일은 없는지 여부
⑨ 급유작업을 하는 동안 모든 전기스위치의 작동을 금하고 있는지 여부
⑩ 급유탱크의 펌프엔진은 정기적으로 시험되고 있는지 여부

2) 화약 · 탄약 · 폭발물 저장안전

① 화약은 정상계통으로 조달 · 저장 또는 배출 여부
② 탄약은 규정대로 보관 · 정비되고 있는지 여부
③ 폭발물 또는 위험물을 반입할 때 사전점검을 하는지 여부
④ 화약의 표준저장량과 안전거리는 지켜지고 있는지 여부
⑤ 품종에 따른 적재높이를 숙지하고 있는지 여부
⑥ lot별로 분류 · 저장하고 있는지, 또한 불량탄을 일일이 재분류하며, 배출은 오래 저장되었던 것부터 순서로 하는지 여부

(5) 고압가스안전

① 고압가스용기는 정기적으로 안전성을 사용 전에 점검여부
② 용기에는 보호캡이 씌워져 있는지 여부
③ 액화가스나 가연성가스에 사용하던 조정기, 부속품, 계기, 호스 또는 기타 장치를 산소용기와 같이 사용하고 있는지 여부
④ 고압가스용기를 슬링으로 달아 올리거나 전류식 운반장치로 옮기지 않는지 여부

⑤ 용기 및 가장자리를 돌려서 움직이지 않고 끌어서 옮기지 않는지 여부
⑥ 손 이외의 다른 공구로 밸브를 잠그지 않도록 주의하고 있는지 여부
⑦ 가스용기는 똑바로 세워서 사용하며, 또한 보관하고 있는지 여부
⑧ 빈 용기는 별도로 놓아두고 있으며, 백묵으로 표시하고 있는지 여부
⑨ 충전된 용기를 자주 옮겨놓고 있지 않는지 여부
⑩ 용기를 계단, 엘리베이터 등 가까이에 보관하고 있지 않는지 여부
⑪ 실내에서 산소용기를 인화성가스와 가까이 보관하고 있지 않는지 여부
⑫ 아세틸렌은 별도로 보관하고 있는지 여부
⑬ 호스는 길거나 새는 데가 없는지 여부
⑭ 적절한 가스소화기가 준비되어 있는지 여부

(6) 화학물질의 저장 및 취급안전

① 화학물질의 적재상태는 적절한지 여부
② 모든 화학물질을 담은 용기에는 품명 라벨이 붙어 있는지 여부
③ 혼합저장이 금지된 물질은 별도로 격리되어 있는지 여부
④ 깨지기 쉬운 용기가 선반에서 떨어지지 않도록 하는 선반력 또는 난간이 있는지 여부
⑤ 분해나 기타 반응이 일어나지 않는지를 확인하기 위하여 수시로 점검을 하고 있는지 여부
⑥ 산이나 알칼리성 물질이 누출될 위험이 있는 곳에는 응급샤워장치가 되어 있는지 여부
⑦ 화학물질에 따라 국소배기장치 또는 환기설비가 되어 있는지 여부
⑧ 과산화물, 무기산, 질산염, 염소산염, 할로겐, 산화물 등 위험물의 특성에 관해서 작업자에게 교육을 하고 있는지 여부

(7) 작업환경안전

1) 작업환경안전의 중요성

인간은 많은 환경의 지배 속에서 생리적・심리적・위생적 영향을 받으며, 사고와 행동의 많은 변화를 초래하게 된다. 그러므로 안전 및 보건관리에 있어 환경관리는 반드시 계획적으로 이루어져야만 한다.

2) 작업조건과 환경조건

가) 작업조건

작업공정상의 조건, 작업방법에 따른 조건, 원자재의 유해, 위험성에 따른 조건, 작업장의 구조에 따른 조건, 설비 및 기계·기구의 설계 및 배치상의 유해, 위험조건 등을 두루 검토해야 하고 작업조건에 맞게 관리되어야 한다.

나) 환경조건

온도·습도, 소음·진동, 조명·채광, 환기, 유해광선, 유해위험물, 병원체, 색채 등의 환경조건은 작업조건에 맞게 관리되어야 한다.

다) 작업조건과 환경조건 개선효과

① 경영자 측면 : 근로자 사기 향상, 작업능률 향상, 기계설비 고장률 감소, 근로자들의 신뢰감 증대, 질병으로 인한 결근율 감소, 품질 향상, 기업경쟁력 증대의 효과가 있다.

② 관리감독자 측면 : 근로자 신뢰감 증대 및 사기 향상, 충실감과 만족도 향상 등의 효과가 있다.

제3절 추락사고의 발생원인과 예방대책

1. 추락사고 발생원인

(1) 추락사고의 개요

건물 내·외부에서 소유자나 사용자의 의사에 반하여 외부 마감재, 돌출 광고판, 엘리베이터, 고공작업자나 작업 중에 사용하고 있는 공구나 부속자재 등이 높은 곳에서 지면으로 떨어져 인명손실이나 재산손실을 가져오는 안전사고를 건물추락사고라 한다.

모든 물체는 높은 곳에서 낮은 곳으로 낙하되는 성질이 있다. 완성된 건물에서도 관리자의 부주의나 실수 또는 고장이나 기계적 결함으로 사용 중인 엘리베이터가 아래로 추락하여 인명손실을 가져오기도 한다. 이와 같이 고층건물 내외부에서 물체가 낙하하면서 생기는 추락위험은 건물이 노후화될수록 사고발생 빈도가 높으므로 관리자의 세심한 주의가 요망된다.

추락위험 사고 중에서 이동설비의 하나인 엘리베이터 추락사고는 안전관리 측면에서 매우 심각하게 접근하여 해결하지 않으면 안 된다.

엘리베이터는 고층건물(아파트나 빌딩)의 출입 이동수단이므로 사용횟수가 매우 빈번하고 사용자가 사용수칙을 무시하고 함부로 사용함으로써 고장이 자주 발생하기 때문에 사고확률이 매우 높다. 뿐만 아니라 고장시 낙하속도가 가속이 붙어 대단히 고속이므로 지표면의 충격에 의해서 대부분 사망하게 된다. 따라서 이동설비의 안전점검과 보수는 정기적으로 실시되지 않으면 안 된다. 또한 노후건물의 외벽마감재의 추락사고가 향후 예상되는 추락사고위험이 있으므로 특별한 경계를 요하고 있다.

외부마감재의 종류로는 석재·타일·패널 등이 건식 또는 습식 공법으로 부착되어 있다. 습식인 경우 겨울과 여름의 온도차에 의한 수축·팽창으로 인하여 부착상태가 불량하게 되어 외부의 미세한 충격에도 이탈하게 되고, 낙하하면서 가속이 붙으면 지면에 충돌하는 순간 파편이 튀면서 사람을 살상하거나 재산을 파괴하게 된다. 특히, 석재나 타일 종류의 낙하시 더욱 위험하다.

건식 공법으로 시공된 석재나 패널 등의 마감재는 고정하고 있는 고정장치가 빗물이나 눈 또는 습기에 노출되어 녹이 슬고 부식되어 장시간 경과하게 되면 고정 기능의 상실 또는 저하로 부착하고 있던 재료의 무게를 지탱할 수 없게 된다. 따라서 외부 마감재는 이탈하게 되고 추락사고로 이어져 인명과 재산상의 손실을 가져오게 된다. 따라서 관리자의 세심한 관찰과 보수가 요망되는 안전관리 분야이다.

(2) 추락사고 원인

건물의 추락사고 발생은 대체로 다음과 같은 원인에 의하여 발생한다.

① 작업자의 부주의
② 정비불량
③ 온도차에 의한 팽창수축의 반복운동
④ 고정장치의 녹·부식으로 인한 기능상실
⑤ 조작미숙
⑥ 고정불량
⑦ 시공불량
⑧ 부실한 안전점검 및 보수불량
⑨ 안전조치 미흡
⑩ 고장

⑪ 기계적 결함
⑫ 무리한 사용 등

2. 추락사고 예방대책

노후된 건물일수록 추락사고에 의하여 인명피해와 경제적 손실을 가져오는 안전사고가 발생하는 바 이에 관한 예방대책은 다음과 같다.

① 외부 돌출 간판의 확고한 고정 및 수시점검과 보수
② 외부마감재 부착상태 수시점검 및 위험 예상시 정밀진단 실시 및 보강
③ 이동설비 수시점검 및 보수와 이상상태시 즉시 사용금지 조치
④ 작업시 안전조치 후 작업
⑤ 곤돌라 사용시 안전점검 후 사용
⑥ 추락대상물 수시점검 및 정기점검 강화
⑦ 추락위험물 특별안전관리

제4절 전기감전사고의 발생원인과 예방대책

1. 전기감전사고 발생원인

(1) 전기감전사고의 개요

건물관리업무 중 건물의 위험에는 앞서 설명한 바와 같이 기술위험과 경영위험 및 법률위험 그리고 환경위험과 보안위험 등이 있는 바 인명의 손실과 재산상의 손실발생을 가져오는 것은 주로 기술위험에서 나타나고 있다.

진술한 바와 같이 기술위험에는 설비위험과 시설위험, 위험물위험, 작업위험 등 4종류가 있다. 이 중에서도 설비위험에 속하는 전기설비위험과 가스설비위험이 기타 기계설비위험이나 이동설비위험보다 위험의 정도가 심각하고, 심한 경우 생명의 손실도 크므로 전기설비와 가스설비의 안전문제는 건물안전관리를 위하여 철저히 연구되고 실천되지 않으면 안 된다. 전기설비의 위험과 안전문제는 ① 전격재해(감전재해), ② 전기설비기

기 및 전기작업, ③ 전기화재, ④ 정전기재해, ⑤ 전기설비방폭 등에서 나타나고 있다.

따라서 전기설비 안전사고 예방을 위하여 위에서 언급한 전기설비 다섯 종류의 안전문제를 체계적으로 검토하고 안전사고가 발생되지 않도록 철저한 대비와 관리가 필요하다.

(2) 전기설비 내용

건물에 인용되는 전기의 수용 및 사용을 위하여 건물에 설치되는 설비의 종류는 대체로 다음과 같다.

1) 조명설비

2) 전력설비

① 수변전설비

② 수변전용기기

- 변압기
- 차단기
- 진상용 콘덴서
- 단로기
- 피뢰기
- 배전반
- 고압큐비클
- 유입개폐기
- 계측기용기기

3) 예비전원설비

① 자가(용) 발전설비

② 축전지

4) 방재설비

① 접지설비

② 피뢰설비

③ 항공장애설비

(3) 감전사고의 내용

1) 감전의 의의

감전이란 일반적으로 전격이라 부르기도 하며 충전된 전기기구나 전선에 접촉하였을 때, 인체가 접촉되었을 때 전류가 인체에 통하여 경련을 일으키거나 상해 또는 사망하는 전기적 재해를 말한다.

2) 감전의 위험성 결정요인

사람이 전기에 감전되었을 때 나타나는 피해는 그 위험성의 정도에 따라 다르게 나타나지만 그 위험성을 결정하는 요인에는 다음과 같은 것이 있다.

① 전원의 종류(교류 또는 직류)
② 통전경로
③ 감전전류의 크기
④ 주파수 및 파형
⑤ 통전시간과 인가위상(심장맥동주기 중 어느 위치에서 통전)

그러므로 감전은 통전전류가 크거나 인체의 중요한 부분을 흐르거나 장시간 흐를수록 더욱 위험하게 된다.

또한, 저압에 의한 감전재해는 충전부분에 인체의 일부가 직접 접촉하여 발생되는 것으로 특별한 경우를 제외하고는 큰 화상을 동반하지 않는다. 그러나 고압에 감전되면 충전부에 인체가 직접 접촉되지 않더라도 아크(arc)에 의하여 심한 전기화상을 동반할 수 있다. 또한, 충전되어 있는 송전설비 주변의 전계 중에 인체가 들어가게 되면 유도에 의하여 인체에 전하가 축적되고, 그때 인체의 일부가 접지물에 닿게 되면 인체에 전하가 방전되어 감전을 받게 된다.

3) 위험전류와 안전전류

감전에 의해 나타나는 인체의 상해 정도는 전류의 크기에 따라 결정된다. 전류가 어느 한도를 초과하면 인체의 자유를 잃게 되는데 이 정도의 전류를 '불수전류(freezing current)'라 하고 이 이상의 전류를 위험전류라 한다. 또한, 그 이하의 전류치에서는 감전의 영향을 인식하게 되지만 인체의 수족을 움직여서 전기로부터 떨어질 수 있는 정도의 전류이므로 이를 가수전류·이탈전류, 또는 안전전류라 한다. 위험전류치 이상으로 전류가 증가하면 인체에는 호흡이 곤란해지고, 호흡이 정지되며 의식상실, 심장장애, 화상 고온증 등을 초래하여 사망에 이르게 된다.

가) 안전전류

인간에게 있어서 인체에 전격의 감각을 느끼는 최소전류는 교류는 1mA, 직류는 5mA정도이다. 전격되었다하더라도 운동의 자유가 가능한 최대한을 가수전류(let-go-current)라 하고, 운동의 자유를 잃을 정도를 불수전류(freezing current)라 한다. 가수전류는 이탈전류라 하기도 하는데, 남자의 경우 교류 9mA, 직류 62mA이며, 여자는 교류 6mA, 직류 41mA정도이다.

나) 가수전류

안전전류의 범위라고 할 수 있으나, 이 상태에서는 손이나 인체를 오래 접촉하고 있으면 호흡곤란, 의식불명, 질식사하는 경우도 있다.

다) 위험전류

전류가 어느 정도의 한도를 초과하면 인체의 운동의 자유를 잃고 이 정도의 전류를 불수전류(freezing current)라 하며, 이 이상의 전류를 위험전류라 한다.

위험전류의 한계는 감전되었을 때 고통을 수반하는 심한 쇼크로 근육이 강직되고 호흡곤란이 나타나는 정도 이상의 값으로서 직류의 경우 남자 90mA, 여자 60mA, 교류의 경우 60㎐에서 남자 16mA, 여자 15mA, 10,000㎐에서 남자 94mA, 여자 63mA가 위험전류에 해당된다. 위험전류에 의한 전격의 경우에는 95%가 자력으로 이탈이 불가능하게 되나, 안전전류에서는 99.5%가 자력으로 이탈이 가능하게 되는 특징이 있다.

4) 위험전류 감전의 전기적 요인

감전되었을 경우 통전의 경로, 전원의 종류, 통전시간과 위상, 접근한계거리에 따라 그 피해정도나 내용이 달라지게 되지만 일반적으로 다음과 같은 감전피해가 발생한다.

가) 통전경로

① 전류가 심장을 통해 흐르면 심실세동
② 전류가 호흡중추를 흐르게 되면 호흡정지로 인한 사망
③ 전류가 뇌부분을 흐르면 뇌부분의 수축에 의한 질식사

나) 전원종류

교류에 비해 직류가 안전하다.

다) 통전시간과 전압인가위상

교류 3~6㎸에 의한 감전의 경우 사망이 많으며, 고압인 30~70㎸로 되면 통전전류가 큰 경우에도 목숨을 구하는 수도 있다. 전격이 심실수축이 끝난 시기에 인가되면 심실세동을 일으키는 확률이 커져서 위험하다.

라) 접근한계거리

충전부에 접근할 경우에는 섬락이 발생하는 거리 내에 들어가지 않아야 한다. 접근한계거리는 충전전로의 사용전압(kV)에 따라 각각 다르게 나타난다. 예를 들면 충전전로의 사용전압(kV) 22kV 이하일 때의 정도한계거리는 2㎝이나 220kV를 초과하는 경우에 접근한계거리는 200㎝이다.

5) 감전피해 내용

전격에 의한 피해는 다음과 같이 나타난다.

가) 호흡정지

전격에 의한 호흡정지에는 호흡중추의 마비 내지 파괴에 의한 것과 불수전류에 의한 호흡곤란, 호흡신경계의 마비·파괴에 의한 것이 있다. 호흡정지는 심장장애, 신경파괴가 없으면 인공호흡에 의해 회복되지만 마비상태는 장시간 가는 경우도 있다.

나) 심실세동

심실세동이란 피부 밖으로부터 인체를 통하여 전류가 흐르는 경우에 어느 전류의 크기의 범위에서는 전류의 영향으로 심장의 규칙적인 동작이 바뀌게 됨으로써 심근이 세세한 진동을 일으켜 강력한 수축이 정지되어 혈액의 송출을 강제하는 펌프의 작용을 정지시킨다. 이러한 발작이 심실세동이라 한다.

감전은 인체를 통과하는 전류로 인한 전기쇼크와 인체세포의 파괴에 의해 경도의 감전에 의해 중상, 사망에 해당하는 상해를 주고 있는데 특별히 심실세동의 장애를 가져오는 경우에는 그 전류의 범위가 대단히 중요하다. 심실세동의 전류는 위험전류, 위험한계전류, 치사전류와 전격받는 사람의 몸무게 통전시간(초)에 따라 다르게 나타난다. 예를 들면 몸무게 70kg의 사람이 위험전류에 1초간 전격되는 경우 0.5% 심실세동을 일으키고 위험한계전류에 50%, 치사전류에는 99.5%가 심실세동을 일으킨다. 또한, 심실세동은 전격시간에 의하여 좌우된다. 최소심실세동전류는 전격시간이 심장박동주기와 일치하는 경우를 경계로 하여 급격하게 변화하여 감전시간이 박동주기보다 긴 경우는 1/10 정도로 감소하고 있다.

다) 화 상

전기화상이란 감전상해의 일부분으로서 전격을 받았을 경우 국소장애라고도 하며, 반점인 화상과는 증상이 다르고 치료에 많은 시간이 소요되는 전기전격에 의한 화상을 의미한다. 또한, 전기화상은 스파크 및 아크(arc)의 고열에 의하여 피부의 열상과 전기가 인체를 흐를 때 내부조직의 저항에 기인되어 발생하는 줄(Joule)열에 의한 것이 있으며 중첩하여 복잡한 증상을 나타내고 상해 정도가 확대되는 경우가 많이 있다.

화상의 열상은 다음과 같이 4가지로 분류된다.

① 제1도 : 아픈 정도
② 제2도 : 수포형성
③ 제3도 : 조직흑색, 동풍 심각, 치료 자국에 흉터 생김
④ 제4도 : 탄화

그리고 전류에 의한 국소상해는 4단계로 분류하고 있다.

① Ⅰ형 : 표피손상
② Ⅱ형 : 피하조직까지 손상
③ Ⅲ형 : 표피, 피하조직, 근건까지 손상
④ Ⅳ형 : 근건도 파괴, 뼈까지 손상

라) 사 망

전기전격에 의한 사망은 고압전류의 전격에 의해 기절하거나 호흡정지, 심실세동, 중상을 입는 경우 외에 위와 같은 원인으로 심장맥박이 정지되어 사망에 이르게 되는 경우가 있다.

6) 전격 발생요인

감전재해는 충전부분에 접촉되어 감전사고가 발생하는 경우가 많으나 대체로 전격 발생요인은 다음과 같다.

① 전로의 대지전압에 의한 전격
② 정전유도에 의한 전격
③ 마이크로쇼크
④ 전선에 주수할 경우의 감전
⑤ 충전된 기구나 전선에 접촉
⑥ 누전
⑦ 저압단락

7) 저전압감전과 위험

전압의 종별구분을 보면 저압이란 교류 600V 이하 직류 750V 이하를 말하며, 고압이란 교류 600V를 초과 7000V 이하이고 직류 750V 초과 7000V 이하인 것을 의미한다. 특별고압이라 함은 교류 7000V 초과하고 직류 또한 7000V 초과하는 것을 말한다.

위와 같은 구별로 볼 때 고압이나 특고압이 전기설비에 있어서는 사람이 직접 충전부에 접근만 하여도 방전으로 인해 감전되기도 하지만 저압전기에 있어서는 충전되어 있는 부분에 직접 접촉함으로써 감전사고가 발생하는 것으로 저전압에 의한 감전사고 발생유형은 다음과 같다.

① 누전에 의한 충전부분에 접촉
② 노출충전부분에 접촉
③ 절연물의 파손손상에 의한 노출부분의 접촉
④ 정전작업 중 불의의 충전에 의한 충전부분의 접촉

따라서 저압에 의한 감전의 경우 심실세동이 발생하는 범위에 해당되고 심한 경우 사망에 이르게 되므로, 저압선이라고 안전조치를 무시하거나 방심하는 경우 큰 위험을 초래할 수 있다는 것을 명심해야 한다.

건축설비위험사고 종류에는 이상에서 언급한 위험사고 외에도 전기작업위험(전기작업위험은 후술하는 작업위험사고에서 설명), 정전기재해, 누전위험사고, 오작동 위험사고, 고장위험사고 등이 있다.

따라서 안전관리자는 상기한 기타 위험에 대해서도 연구할 필요성이 있다.

2. 전기감전사고 예방대책

(1) 일반적 방지대책

1) 안전한 전기설비 사용

감전사고는 충전부분에 접촉되어 발생하는 경우가 대부분이므로 이와 같은 충전부분이 노출되지 않도록 확실하게 격리시키는 것이 중요하다.

2) 전기설비 이상유무 점검과 사전조치

전기는 냄새, 모양, 색깔이 없어 눈에 보이지 아니하므로 이상유무를 사전에 확인하기란 쉽지 않다. 그러나 전기사고나 감전사고 전에 이러한 이상현상을 사전에 발견하여 PM(예방보전)하는 것이 매우 중요하다.

전기설비의 이상 징후로는 기계적 파손이나 소손면의 색이나 냄새가 나고 이상진동, 이상음, 접점의 불량, 나사의 이완, 절연물의 절연저항 저하현상 등이 나타난다. 이런 경우 즉시 전기안전담당자나 관리자는 외관측정, 전기측정, 분해검사 등으로 대처하여 전기사고를 미연에 방지해야 한다.

3) 전기안전 관리체제의 수립 및 실천

전기설비에 낙하물이 떨어져 전기안전사고가 발생되는 경우가 있으므로 다른 설비나 시설의 고정이나 안전조치가 전기사고 예방을 막아주는 경우가 있다. 그러므로 이상상태를 점검하고 이를 발견하면 점검기, 메가, 접지저항계, 미터류 등 측정기를 사용하여 원인을 파악한 후 즉시 책임보수하는 안전관리체제 확립과 실천이 중요하다.

(2) 저압단락 재해와 안전대책

1) 저압단락 원인과 현상

전선 등의 단락에 의하여 부하의 크기보다 큰 용량의 전기가 흐르게 되거나 절연피복의 손상, 전동기과부하, 전선에 과부하가 흐르면 다음과 같은 현상이 일어난다.

① 발열에 의한 전선의 용단
② 절연피복의 연소
③ 발전기와 변압기 권선의 소손
④ 차단기 폭발
⑤ 단락과 동시에 심한 아크 발생

위와 같은 원인과 발생현상에 의하여 화상이나 감전재해가 발생한다.

2) 안전대책

이를 방지하기 위하여 스위치 접속부분 전기배선 등에 대하여 항상 절연을 확인하고 전기기기는 정상적인 상태에서만 운전되어야 한다. 공구 사용 중에 단락이 되지 않도록 사용부분의 절연테이프로 처리하는 것이 좋다.

또한 사고발생시 진동처리를 하기 위하여 배선 전기기기 가까운 곳에 적절한 용량의 NRF(노퓨즈 브레이크)를 설치하는 것이 현명하다.

(3) 누전을 원인으로 한 감전방지대책

전기기계기구와 전로 등을 자주 점검 보수하여 올바른 상태로 사용, 누전발생을 근본적으로 방지하는 것이 무엇보다 중요하다. 누전발생시 이로 인한 감전피해를 막기 위하여 다음과 같은 조치를 하는 것이 현명하다.

① 감전방지용 누전차단기 사용
② 안전전압 전원의 사용

③ 보호접지의 설치
④ 비접지식 전로의 사용
⑤ 이중절연구조 전기기계기구의 사용

(4) 접지에 의한 감전방지대책

감전의 재해는 전기설비의 비충전 금속부분이 누전 등의 원인으로 충전화되어 접촉인체 내에 전류가 흘러 발생하는 경우도 있으나 대부분의 경우는 전기설비부분의 노출충전 부분에 인체의 일부가 실수로 접촉되어 인체에 전류가 흐르는 데서 생기는 경우가 대부분이다.

전자의 경우에는 누전 그 자체가 생기지 않도록 절연 강화하는 것이 필요하다. 또한 전위의 상승을 방지하기 위한 접지가 극히 중요하다.

(5) 전기절연에 의한 감전방지대책

절연물이 파괴되거나 절연저항이 저하하게 되면 지락사고가 발생하여 감전 등의 재해가 발생할 수 있다. 따라서 전기절연에 의한 감전재해를 방지하려면 송전배선이나 전기기기에서는 선간, 대지간, 권선간 등에서의 전류가 흐르는 금속도체를 절연물로 절연시켜야 한다. 또한 활선작업이나 활선조정작업에 있어서 고무나 비닐 등으로 만든 보호구로 작업자의 손발 등을 보호해야 한다.

(6) 감전사고시 긴급조치사항

① 감전되었을 때 즉시 재해자를 충전부분에서 분리하도록 해야 한다. 분리시 재해자가 도체로 충전되어 있음을 유의하여 분리해야 한다.
② 즉시 가까운 전원 스위치를 내려 감전부분의 전류의 흐름을 차단시키고 차단되지 않을 경우 변전소에 긴급연락 처리하여야 한다.
③ 주상·지상을 불문하고 감전에 의해 실신하고 있는 경우에는 장소를 이동치 말고 그 현장에서 인공호흡을 통하여 인명을 구조하는 것이 우선적으로 처리해야 할 일이다. 인공호흡법에는 쉐파빌, 닌셀빌, 구강인공호흡법 등이 있으나 이 중 장점이 많은 구강인공호흡법을 쓰는 것이 좋다.

(7) 전기작업안전대책

1) 전기작업안전의 의미

전기의 재해는 전기작업현장에서도 발생되므로 전격에 의한 재해나 전기화재, 정전기재해, 전기설비방폭에 의한 재해와 함께 안전문제가 검토되어야 한다. 전기현장의 사고는 주로 절연보호구를 사용하지 않거나, 절연방호구를 사용치 않음으로써 전기안전사고가 나타난다.

따라서 반드시 전기작업현장에서 실시되는 전기작업에는 자격과 경험이 충분한 전기기술자 외에는 어느 누구도 현장접근을 막아야 하고, 전기기구·공구 등을 접촉해서도 안 된다.

뿐만 아니라 반드시 전기안전을 위하여 절연보호구나 방호구를 착용 또는 사용하여야 하고, 방호구나 공구, 절연보호구 등은 사용 후에 잘 보관해야 하며, 사용 전에는 반드시 확인하여 문제점이 없는 경우에만 이를 사용해야 한다.

2) 전기작업안전수칙

전기작업안전사고 방지를 위하여 다음의 전기안전수칙을 준수해야 한다.

① 전기담당자 외에는 전기수리를 하여서는 안 된다.
② 전기고장을 발견하면 즉시 관계자에게 보고한다.
③ 모든 전선은 전류가 흐르고 있다고 생각하여 함부로 만져서는 안 된다.
④ 전선이 늘어나 있거나 벗겨져 있을 때는 작업감독자에게 보고하여야 한다.
⑤ 모든 스위치는 뚜껑을 달아야 하고, 젖은 손으로 만져서는 안 된다.
⑥ 모터 등 전기장치에 스파크나 증기가 나면 스위치를 끄고 작업감독자에게 보고한다.
⑦ 스위치 박스, 전동기 배선 및 각종 전기설비에 액체성 물질을 뿌려서는 안 된다.
⑧ 전선 및 전기기구에 물건을 걸어놓아서는 안 된다.
⑨ 전기줄을 모서리나 기계 위로 끌고다녀서는 안되며, 전선피가 벗겨지지 않도록 하여야 한다.
⑩ 고압선 및 고압회로에는 위험표식을 하여야 하며, 담당자 확인없이는 접근 및 출입하여서는 안 된다.
⑪ 전선을 로프 대신 사용해서는 안 된다.
⑫ 정전으로 기계가 정지되었을 때는 스위치를 개방해 놓아야 한다.
⑬ 퓨즈는 반드시 규정치에 맞는 것을 사용하여야 한다.
⑭ 임시가설이라도 전선은 반드시 적어도 사람 키보다는 높아야 하며, 부근에서 작업하는 사람에게 위험하지 않아야 한다.

(8) 정전기 전기사고 방지대책

1) 정전기의 의의

전기에는 마찰에 의해 발생되는 전기, 상호간에 흡인력이나 반발력이 상호작용함을 통해 얻어지는 마찰전기(tribo-etectricity)와 정지상태의 전하에 의한 전기, 즉 정전기 등 두 종류의 전기가 있다.

2) 정전기의 영향

① 정전기, 스파크를 유발하여 착화원인이 된 화재나 폭발로 설비의 파괴나 사람에게 우선 영향을 미친다.
② 정전기에 대전된 물체에 접촉할 때 감전(전격)을 받아 쇼크에 의한 추락 등의 인명의 사상이 나타난다.
③ 분체의 부착같은 생산장애가 일어난다.
④ 정전기 쇼크로 인한 컴퓨터 오작동, 전자부품 파손 등의 영향을 나타냄을 알 수 있다.

제5절 붕괴사고의 발생원인과 예방대책

1. 붕괴사고 발생원인

(1) 붕괴사고의 개요

건물의 붕괴란 완성된 건물이 소유자나 사용자의 의사에 반하여 외부의 물리적 힘이나 폭발화재 등의 사고나 자연적인 재해, 기타 고의적이고 인위적인 힘에 의하여 무너지는 현상을 말한다. 건물완성 후의 붕괴위험은 물리적 내용연수 기간 동안은 문제없는 것으로 판단되나 시공 전후에 있을 수 있는 설계부실, 시공부실, 그리고 관리부실에서도 붕괴위험은 현실로 나타날 수 있다.

1995년 삼풍백화점 붕괴는 설계, 시공 및 관리부실 등 총체적 부실로 인하여 붕괴된 사고이며, 1994년도에 발생하고, 성수대교 붕괴사고는 부실한 설계와 시공부실로 나타난 사고로 판단된다. 건물붕괴사고는 수십 수백 명의 인명을 동시에 앗아가는 무서운 건축시설(건축물)위험이므로 과학적인 안전관리가 특별히 요청되는 기술위험관리 분야이다.

(2) 붕괴원인

건물붕괴원인에는 대체로 다음과 같은 원인이 있다.

① 부실설계
② 부실시공
③ 관리부실
④ 내부로부터 폭발·화재 등의 안전사고 발생
⑤ 외부로부터 폭파 등 물리적 충격
⑥ 자연재해(홍수, 해일, 지진, 가뭄)
⑦ 건물의 노후화
⑧ 하중을 무시한 무리한 증축과 개축
⑨ 연약지반
⑩ 부동침하

2. 붕괴사고 예방대책

건물의 붕괴는 소유자나 사용자의 의사에 반하여 외부의 물리적 힘이나 화재, 자연재난에 의하여 무너지는 현상이므로 다음과 같은 예방대책이 필요하다.

① 화재예방
② 폭발위험성 점검 및 제거
③ 가뭄시 지반침하 방지 조치
④ 완벽한 설계, 시공, 관리
⑤ 하중에 무리한 증축·개축 금지
⑥ 건물중심하중 이동금지(편하중 절대주의)
⑦ 무리한 무게의 적재로 지지기능 저하금지
⑧ 자연재난 영향 최소화
⑨ 내진 설계
⑩ 위험징후 발견시 즉각 정밀 안전진단 실시 및 필요한 조치
⑪ 인근심굴 금지
⑫ 정기적 점검과 보강

제6절 기계설비 안전사고의 발생원인과 예방대책

1. 기계설비 안전사고 발생원인

기계설비의 안전사고는 폭발사고, 추락사고, 화재사고 등으로 요약되며, 기계설비중 안전사고의 주된 대상은 보일러 · 자동제어기기 및 승강기 등이다.

기계설비 안전사고의 발생원인은 전술한 화재, 폭발, 추락사고의 원인과 유사하므로 이를 참고하기 바란다.

2. 기계설비 안전사고 예방대책

(1) 기계설비 안전사고 예방대책의 개요

건물의 주된 설비는 기계설비이고 설비의 기능 대부분이 기계설비에 의해서 나타난다. 따라서 이하 절에서 ① 기계안전대책, ② 자동제어 기계기능의 안전대책, ③ 보일러 위험 안전대책, ④ 승강기 안전대책 순으로 설명하고자 한다.

(2) 기계안전대책

건물기계설비의 위험을 방지하고 안전한 설비관리와 작업을 위하여 여러 가지 안전조건을 충족해야 하는 바 이를 크게 분류하면 ① 기계의 외형, ② 기능, ③ 구조와 작업, ④ 보전작업 등으로 나누어 검토하여야 한다.

1) 외형의 안전

① 주유, 조정, 청소작업시 기계가동을 멈춘 상태에서 해야 하고, 불의의 가동이 되지 않도록 진동의 전달 및 작업자의 접촉을 방지해야 한다.

② 위험을 내포한 외형을 고정방책 또는 방벽 · 가드를 설치하여 외부에 위험이 노출되지 않게 해야 한다.

③ 작업점, 들어가는 납점, 회전운동을 하는 부품 등 위험부위에 접촉하지 않도록 해야 한다.

④ 작업자 머리 위로 노출된 위험부위는 반드시 가드를 설치해야 한다.

⑤ 원동기 및 동력전달장치 등은 구획된 장소별로 설치해야 한다.

⑥ 노치가 없는 클러치 레버, 덮개없는 페달 등의 시동장치, 조작레버, 핸들 등은 갑자기 접촉되지 않도록 덮개 등으로 덮는다.
⑦ 위급시 동력을 차단할 수 있는 장치(브레이크, 클러치)를 적재적소에 배치하고 외부로 노출된 전기기구배선은 보호해야 한다.
⑧ 기계장비 및 부수되는 배관에 안전색을 칠해둔다(급전지용 스위치-적색, 시동 스위치-녹색, 대형기계-밝은 연녹색).
⑨ 결함이 발견된 기계 및 방호장치에 대해서는 정비완료시까지 사용금지 표시를 해두어야 한다.

2) 기능의 안전

최신 장비·기계 등은 전기·액압·기압에 의해 조정되는 반자동 혹은 자동제어장치로 바뀌고 있으나 수시로 에너지의 변동에 따른 오작동이 발생되어 중요한 사고원인을 제공하고 있는 바 이를 방지하기 위하여 페일 세이프 시스템(fail safe system)을 해두어야 한다.

3) 구조안전

재료·가공·설계 등의 결함으로 기계구조 부분이 취약해서 파괴되는 것을 방지하는데 역점을 두고 구조의 안전을 고려해야 한다.

4) 작업안전

작업위험 분석, 시스템위험 분석을 통하여 표준안전작업이 가능하도록 유도하고 안전작업기술 향상에 노력해야 한다. 특히 다음 사항을 고려해야 한다.

① 기계에 물릴 장갑·작업모 사용 지양
② 작업표준화로 불필요한 동작지양
③ 부적당한 용구·공구 사용 금지
④ 동력차단장치 반드시 설치
⑤ 스위치·공구대·작업대 배치를 작업자가 작업행동에 잘 조화되도록 배치
⑥ 인칭(inching) 기능 활용
⑦ 조작장치 쉽게 접근

5) 보전작업의 표준화

위험과 평상시에 노출되지 않는 기계나 장비의 부품은 보전작업의 분해나 가스해체시 위험성이 돌발적으로 생길 경우를 대비하여 잘 보관해야 한다.

(2) 자동제어 기계기능의 안전대책

최신 기계장비나 설비 등은 전기 · 유압 · 기압 · 컴퓨터에 의한 반자동 또는 자동제어 장치로 발전 변화하고 있다. 그러나 에너지 등의 갑작스런 변화에 따라 오작동에 의한 위험성이 높아지고 있다. 이러한 최신식 기계의 오작동 현상은 다음과 같다.

① 전압강하, 정전시의 오작동
② 사용압력시의 오작동
③ 밸브계통 등의 오작동
④ 스위치 · 계전기 고장의 오작동
⑤ 컴퓨터 고장으로 인한 오작동

이러한 기능적 오작동에 의한 안전문제를 해결하려면 기계 내의 회로적인 개선을 하거나 완전히 다른 계통의 회로를 교체 사용함으로써 오작동을 방지하는 적극적 대책과 기계의 이상발생이 급정지할 수 있는 안전장치를 위한 페일 세이프 시스템 장치를 하는 이른바 소극적 대책이 있다.

(3) 보일러 위험 및 안전대책

1) 보일러 위험

보일러는 고온 · 고압의 기계장치이므로 언제나 폭발의 위험을 내포하고 있다.

2) 보일러 위험방지 대책

보일러 위험방지대책은 다음과 같다.

① 보일러의 구조 및 강도는 규격에 맞게 설계되어야 한다.
② 무리한 고압을 조절하기 위하여 보일러의 사용압력, 종류에 따라서 안전밸브 워터시일, 가연합금 플러그, 파열탄 같은 압력방출장치를 한 개 또는 두 개 이상 설치해서 사용압력 이하에서 작동되도록 유지해야 한다.
③ 보일러는 6개월에 1회 이상 다음의 검사를 실시해야 한다.
  • 보일러 본체의 손상유무
  • 연소장치의 이상유무
  • 자동제어장치의 이상유무
  • 각종 밸브장치 정상작동상태
④ 압력방출장치 1년 1회 이상 토출상태, 작동상태 점검

⑤ 게이지 글라스를 달아 항상 수위를 확인한다. 고 · 저수위지점에서 경보음 · 경보 등이 작동되게 해야 한다.
⑥ 연소실 내 잔여가스는 폭발위험이 있으므로 연소가스 방출을 원활하게 하고 동력을 이용하여 완전히 배출하도록 한다.
⑦ 보일러 관리자는 다음 사항을 실천해야 한다.
  • 가동 중인 보일러 근무자는 정위치하고 떠나지 말아야 한다.
  • 압력방출장치, 압력제한 스위치 작동여부를 매일 가동 전에 점검해야 한다.
  • 고 · 저수위장치와 급수펌프 상호기능상태를 점검해야 한다.
  • 연소실 내 환기 · 통풍 장치를 점검해야 한다.
  • 보일러 내 부속장치와 가스누설 및 균열유무를 점검해야 한다.
⑧ 보일러 안전수칙을 준수해야 한다.

(4) 승강기 안전대책

승강기 안전대책은 다음과 같다.

① 승강기 허용하중을 초과하는 과부하상태에서 사용하지 말아야 한다.
② 승강기 통로에는 관리자의 출입할 수 없도록 1.8m 이상 철망으로 방호해야 한다.
③ 승강기에는 과부하방지장치, 감지장치, 파이널 리밋 스위치, 비상조정장치, 조속기, 출입문, 인터록, 급제동장치 등 안전장치를 설치해야 하며, 언제나 유용하게 사용할 수 있도록 점검해야 한다.
④ 승강기의 카 내에 문 설치시 문과 내벽 사이의 틈이 5mm 이하로 하여 손이 끼지 않도록 해야 한다.
⑤ 화물용 승강기에 근무자 외의 사람들을 탑승시키지 말아야 한다.
⑥ 초속 35m 이상의 바람, 중진 이상의 지진 발생 후 반드시 작업 전 안전점검을 해야 한다.
⑦ 예기치 못한 추락대비 완충장치, 제동장치를 마련해두어야 한다.
⑧ 승강기 안전수칙을 준수해야 한다.

제7절 법률사고의 발생원인과 예방대책

1. 법률사고 발생원인

(1) 법률사고의 의의

건물은 부동산의 일종이므로 부동산 고유의 권리, 즉 소유권과 그 소유권의 사용·수익·처분 권능의 일부를 제한하는 제한물권이 권리의무 관계자의 물권적 합의에 의하여 소유권 위에 설정될 수 있다. 또 권리나 건물 재산상에 임시보전 절차인 가압류·가처분 등의 일시적 권리나 처분을 제한하는 기타 권리 등이 설정될 수 있다. 건물의 사용·수익·처분에 관계되는 권리나 법률행위의 종류 또한 매우 다양하다. 그러므로 이로 인한 법률적 사고발생도 당연히 예상되며, 이로 인한 물적 피해를 가져오는 사고를 법률사고라 한다.

(2) 법률사고의 유형

건물자산관리의 한 측면인 법률관리에서 관리목표로 설정하고 있는 건물소유권 보존과 관련하여 법률사고가 발생될 여지가 충분히 잠재하고 있다. 건물은 부동산인 관계로 하나의 물건 위에 하나의 권리, 즉 하나의 소유권만 존재한다. 이러한 건물소유권은 사용·수익·처분의 권능을 가지면서 건물자산경영의 기본이 되며, 담보로 제공하거나 금융의 수단이 되기도 한다. 그러나 소유자가 그 건물의 소유권을 잘못 관리·운용하는 경우 그 소유권은 사용·수익·처분 중 일부나 전부가 자유롭지 못하게 되고, 심한 경우 소유권이 허유권이 되어 그 기능을 상실하게 되어 경영주체의 변동을 초래하게 된다.

따라서 법률사고의 유형으로는 다음과 같다.

첫째, 소유권 상실에 관한 위험이다.

둘째, 건물관리나 경영과정에서 자주 등장하는 계약행위에 관한 위험이 있다. 권리자와 의무자, 매도인과 매수인, 임대인과 임차인, 전세권자와 전세권 설정자, 위탁자와 수탁자, 발주자와 수급자, 사용자와 고용자, 소유자와 사용자 등의 관계에서 체결되는 계약의 이행과정에서 고의 또는 과실에 의하여 발생되는 계약사고가 건물관리상에 중요한 법률적 위험으로 등장하고 있다.

셋째, 건물관리업무 진행 중에 나타나는 또하나의 법률위험은 건물관리 관계법령의 불이행이나 이행지체에 따른 형사벌·행정벌에 관한 위험이다. 이러한 위험은 형사적·

행정적 책임으로 인한 소유주체의 신체적 구속과 벌과금·과태료 등에 의한 금전적 손실을 초래하게 되어 건물법률관리 측면의 새로운 위험으로 분류되고 있다. 뿐만 아니라 관리관계법령의 위반을 건물사용중단, 사용정지 등의 행정명령을 받게 된다.

넷째, 건물관리과정에서 본의 아니게 발생되는 또 하나의 위험은 공적 서비스 위험이다.

다섯째, 권리하자위험이다.

여섯째, 건물범죄위험 등이 법률위험사고 관리의 대상이 된다.

(3) 소유권 상실 위험사고

1) 소유권의 의의

건물의 소유권이란 목적부동산인 건물 위에 존재하는 물권으로서 사용가치와 교환가치를 동시에 가지고 있는 물권의 기본권인 동시에 사용·수익·처분의 권능을 가지고 있는 권리를 의미한다.

2) 소유권 보존의 이유

건물은 부동산이므로 소유권의 보존이 상실되면, 즉 이전되거나 말소되는 경우 건물관리주체의 지위도 상실 또는 변경될 수 있다. 다시 말하면 당해 건물에 관리업무를 하기 위해서는 건물의 소유자나 권리자로부터 관리에 관한 권한을 위임받거나, 위탁관리계약에 의하여 관리권이 수권되지 아니하면 관리를 담당할 수 없게 된다. 따라서 관리자가 관리를 계속할 수 있는 법률적 근거는 적법한 관리권의 존재나 계약에 있다.

소유주체로부터 관리권을 위임받아 관리하는 경우 위임자의 소유권 변동이 일어나면 자동적으로 관리권도 소멸되기 마련이다. 그러므로 관리권 위임의 근원인 건물소유권은 온전하게 보존되지 않으면 안된다. 소유권보존이 되지 않을 경우 건물은 건물경영의 대상이 되지 못하며 사용·수익·처분도 불가능하게 되며 이용·개량·보존 행위도 제한받게 되므로 건물소유권을 온전히 보존되지 않으면 안된다.

3) 소유권 상실 위험사고 원인

소유권 보존을 위협하는 위험의 종류에는 주로 다음과 같은 것이 있다.

가) 대책없는 제한물권 설정과 이행불능

제한물권 설정원인에는 전세권설정 계약, 임차권 계약, 저당권설정 계약, 지상권설정 계약 등이 있으며, 설정의 방법으로 물권적 합의 외에 등기함으로써 제한물권이 성립된다. 이러한 제한물권은 설정자의 의무(예 보증금 반환, 차용금 변제)가 이행되지 아니할 경우, 민사지방법원에 임의경매를 신청하고 경매집행으로부터 얻어진 경락대금으로 그들의 채권을 변제받거나 보증금을 우선 지급받게 된다.

변제능력없이 건물을 담보로 제공하여 과다금융을 차입하거나 지상권·임차권·전세권 등 제한물권을 말소대책없이 함부로 설정하여 변제능력을 상실하면 이 또한 경매신청의 원인이 되고, 곧바로 경매개시가 이루어져 소유권 변동이 일어나게 된다. 그러므로 소유권 변동이 예상되는 금융차입, 대책없는 제한물권 설정 등은 소유권 보존을 위협하는 법률위험이기 때문에 적절한 관리가 필요하다.

나) 가압류·가처분·가등기에 의한 소유권 상실

가압류란 채권자가 채권보존을 위하여 채무자의 재산(예건물) 위에 잠정적으로 그 재산의 처분을 유보케 하는 것으로, 법원의 가압류 결정에 의하여 효력이 발생되고 당해 건물소유권 위에 등기된다. 그 법률효과로는 채무자는 일시적으로 처분의 권능이 정지되며, 권리자가 법원의 승소판결을 받아 가압류를 압류로 전환하여 강제경매를 통한 채권의 변제를 우선적으로 받게 된다.

가처분이란 건물에 관한 권리 다툼은 법원의 결정에 의하여 해당 권리가 일시적으로 사용이 금지되는 처분이다. 이 또한 법원의 승소판결로 집행하게 되므로 소유권 변동을 가져올 수 있다. 따라서 소송신청과 승소판결의 원인이 되어 강제경매의 원인(채무명의 또는 집행명의)이 되는 압류 등의 원인을 만들지 않도록 건물의 소유자나 관리자가 공동으로 노력해야 한다. 가등기 역시 승소판결로 소유권이 가등기권자에게 이전된다.

다) 강제경매에 의한 소유권 상실

경매의 종류 중 임의경매는 채권자의 신청에 의하여 법원이 입찰방식으로 경매하여 그 경락대금으로 채권을 후순위 채권자 보다 우선 변제하고 있다. 그러나 강제경매는 채무명의(집행명의)에 의하여 국가가 강제적으로 당해 목적부동산을 압류하여 강제적으로 환가(경매)한 뒤 이로부터 얻어진 경락대금으로부터 채권을 우선 변제하고 있다. 따라서 채무명의에 해당하는 관리대상 건물에 관한 인락조서, 화해조서, 공증조서, 판결, 국세, 지방세로 인한 국세청의 압류, 정부기관의 압류가 되지 않도록 각별한 주의가 요망된다.

라) 사기에 의한 소유권 상실

사기적인 수단에 의하여 토지나 건물 등의 소유권 변동에 필요한 이전서류를 불법적으로 위조 또는 변조, 작성하여 형식적 심사권밖에 없는 등기 공무원에게 접수하여 실질확인 절차없이 소유권 이전등기가 경료되고 이로 인해 소유권 변동이 일어나게 된다. 물론 우리나라 등기는 법적으로 공시 효과밖에 없으므로 재판을 통하여 소유권 변동을 원상 회복할 수 있다.

그러나 그 재판과정에 소요되는 시간과 비용은 상당한 고통이 될 수 있으며, 일정기간 당해 건물의 소유권은 등기부상 타인의 명의 상태로 있게 된다. 따라서 토지사기단 등에 의한 등기상의 권리변동이 일어나지 않도록 수시로 등기부를 열람하거나 관리상 허점이 노출되지 않도록 철저한 관리가 이루어져야 한다.

(4) 계약사고

1) 계약의 의의

계약은 계약 당사자의 합의에 의하여 성립한다. 다시 말하면 청약자의 의사표시와 승낙자의 의사표시가 합치(주관적 합치와 객관적 합치)됨으로써 성립한다. 건물관리계약은 일종의 부동산계약이므로 낙성·쌍무·유상·불요식 계약이다. 건물관리에 관한 계약의 종류에는 대체로 다음과 같은 것이 있다.

① 건물매매계약
② 건물관리(대행)계약
③ 납품계약
④ 고용계약(일용직·잡급직)
⑤ 근로계약(관리종사자)
⑥ 건물임대차계약(주택임대차계약·상가건물임대차계약 포함)
⑦ 건물관리용역계약(청소용역계약·경비용역계약·시설용역계약 등)
⑧ 기술관리용역계약
⑨ 기술검사대행계약
⑩ 보수공사도급계약
⑪ 건물관리관련보험계약
⑫ 전기·수돗물·가스 등 장기 에너지 장기수급계약
⑬ 기타 건물관리관련계약 등

2) 계약법률사고

계약은 법률행위이므로 책임과 의무가 따르고 이행이라는 법적 책임을 동반한다. 계약체결 이후 정상적인 계약내용이 이행되는 경우 법률적 사고는 전혀 발생되지 않는다. 그러나 불이행되는 경우 계약내용에 따라 다소 차이가 있으나 어떤 형태로든지 해제나 해지의 원인이 되고, 원상회복이나 손해배상의 원인이 되며, 명도소송이나 손해배상을 위한 소를 관할법원에 신청하게 되며, 단전단수의 처분이 뒤따르게 된다.

일반적으로 계약내용 불이행의 원인에는 고의나 과실에 의한 경우도 있으나 부도나 파산의 경우도 있다. 그러므로 어떤 형태의 계약행위를 하는 경우 그 계약의 상대방에 대한 철저한 사전연구와 조사를 통하여 입주자 적격판단을 임대차계약 전에 실시하고,

신용상태를 철저히 확인한 후 임대차계약을 하는 것이 무엇보다 중요하다.

특히 용역회사와의 관리위탁 계약을 하는 경우 그 회사의 기술수준이나 능력, 재무상태가 양호한지에 대하여 사전에 확인하여야 한다. 일단 관리계약을 한 후 관리업무를 맡기게 되면, 해제나 해지를 통하여 원상회복을 하기까지 상당한 시간과 경비가 소요되므로 계약행위 전에 충분한 검토가 필요하다. 특히 입주계약의 하나인 임대차계약의 경우 임차인의 적격판단 절차를 거쳐 문제점이 없는 경우에만 계약을 체결하도록 해야 한다.

(5) 관리관계법령사고

건물관리와 관계되는 관계법령에는 건축법, 소방기본법, 고압가스안전관리법, 산업안전보건법, 시설물의안전에관한특별법 등 그 종류가 많고 관리주체가 의무적으로 이행해야 할 내용이 매우 다양하다.

이를 이행하지 않을 경우 10년 이하의 징역형에 해당하는 것이 있으며, 3년 이하의 징역이나 1억 이하의 벌금도 관계법에서 명시하고 있다. 이를 이행하지 않을 경우 징역·벌금·과태료에 해당되어 형사적·행정적 처벌이나 제재를 받도록 규정하고 있다. 따라서 건물관리주체나 그 구성원은 반드시 관리관계법규를 소상히 파악하여 이행하는 것이 형사적·행정적 처벌이나 제재의 위험으로부터 자유롭게 되는 첩경이라 할 수 있다.

건물관리 관계법령 중 건물안전관리에 직접 관련이 있는 시설물의 안전에 관한 특별법의 벌칙 내용을 참고로 소개하면 다음과 같다.

1) 시특법의 안전진단관련벌칙

안전점검·정밀안전진단을 실시하지 않거나 성실하게 실시하지 아니하여 공중에 위험을 발생하게 한 자 또는 안전진단업무를 성실하게 수행하지 아니하거나, 사용제한·사용금지·철거 등의 명령을 받고도 조치를 취하지 아니하여 공중의 위험을 발생하게 한 자에 대한 처벌은 다음과 같다.

① 고의범 : 10년 이하의 징역(사상자가 발생한 경우 무기 또는 3년 이상의 징역)
② 과실범 : 5년 이하 또는 5천만원 이하의 벌금(사상자가 발생한 경우 10년 이하의 징역·금고 또는 1억원 이하의 벌금)
③ 영업정지 중에 정밀안전진단을 실시한 자 등 : 2년 이하 징역 또는 2천만원 이하의 벌금
④ 대리인, 사용인, 기타 종업원이 업무에 관하여 제39조를 위반한 행위를 한 때에는 행위자를 벌하는 외에 당해 법인과 고용한 개인을 벌함(양벌규정, 제43조)

2) 시특법의 위반행위 종류별 과태료 내용

시설물안전관리에 관한 특별법상 위반행위별 과태료 처분의 내용은 다음과 같다.

<표 2-1> 시특법의 위반행위종류별 과태료

위반행위	해당조문	과태료 금액
1. 정밀안전진단 불성실	법 44 ①	7천만원
2. 안전점검 불성실	법 44 ②1	300만원
3. 진단업체 휴·폐업시 미신고	법 44 ②2	100만원
4. 사용제한 명령 불이행	법 44 ②7	200만원

* 참고 : 부과권자는 위반행위의 동기·결과 및 회수 등을 참작하여 과태료 금액의 2분의 1의 범위 안에서 가중 또는 경감할 수 있음.

3) 시특법의 형사벌과 행정벌

시설물안전관리에 관한 특별법에 규정하고 있는 형사벌과 행정벌의 내용은 다음과 같다.

<표 2-2> 시특법의 벌칙

처벌대상	구분	행위내용	벌칙내용
관리주체	벌칙	· 안전점검 및 정밀안전진단을 실시하지 않거나 성실히 수행하지 아니하여 공중의 위험을 발생케 한 자 및 시장, 군수, 구청장의 사용제한 등 조치명령을 이행치 않아 공중의 위험을 발생케 한 자	10년 이하 징역
		–업무상 과실의 경우	· 5년 이하의 징역, 금고 또는 5천만원 이하의 벌금
		–사람을 사상에 이르게 한 경우	· 무기 또는 3년 이상 징역
		–업무상 과실로 사람을 사상에 이르게 한 경우	· 10년 이하 징역, 금고 또는 1억원 이하 벌금
		· 설계도서 등 관련서류를 보존치 않은 자	2년 이하의 징역 또는 2천만원 이하 벌금
관리주체	과태료	· 정밀안전진단을 불성실하게 한 자 · 안전점검을 불성실하게 한 자 · 점검결과 중대한 결함이 있을 시 행정기관에 통보하지 않은 자 · 행정기관의 장이 명령한 사용제한 등 안전조치를 이행치 않은 자 · 점검이나 진단시 설계서 등의 사본 교부 요청에 응하지 않은 자	1억원 이하 과태료 300만원 이하 과태료

처벌 대상	구분	행위내용	벌칙내용
점검 또는 진단 실시자	벌칙	· 점검 또는 진단을 성실히 수행치 아니하여 공중에 위험을 발생하게 한 자 – 업무상 과실의 경우 – 사람을 사상에 이르게 한 경우 – 업무상 과실로 사람을 사상에 이르게 한 경우	10년 이하 징역 · 5년 이하의 징역, 금고 또는 5천만원 이하의 벌금 · 무기 또는 3년 이상 징역 · 10년 이하 징역, 금고 또는 1억원 이하의 벌금
		· 진단기관으로 등록하지 않고 업무를 수행한 자 · 사위 또는 부정한 방법으로 등록을 받은 자 · 영업정지 중에 영업을 한 자 · 직무상 알게 된 비밀을 누설, 도용한 자	2년 이하 징역 또는 2천만원 이하 벌금
	과태료	· 점검·진단결과를 관리주체에게 통보하지 않은 자 · 장부 미비치, 검사의 거부·방해	300만원 이하 과태료
기타	벌칙	· 양벌규정(공중에 위험을 발생케 한 자) · 양벌규정(기타 벌칙규정에 해당하는 자)	법인 또는 개인인 사용자 : 10억원 이하 벌금 법인 또는 개인인 사용자에게도 해당조의 벌금 병과

(6) 법률위험사고 발생원인

법률위험사고의 발생원인은 대체로 다음과 같다.

① 대책 없이 과다한 제한물권의 설정
② 가처분·가압류·가등기·물상보증 등의 원인 제공
③ 계약에 관한 무경험과 지식부족
④ 관리관계법령의 연구와 교육부족
⑤ 비전문가에 의한 법률업무 집행
⑥ 비체계적인 권리보존관리

2. 법률사고 예방대책

(1) 의 의

법률사고는 경영위험사고와 같이 전문성 결여에서 오는 위험사고이다. 기술위험사고는 주로 건물의 위험설비나 시설관리에서 기계적 결함이나 관리자의 불완전한 행동에서 나타난다는 점에서 법률위험사고와 차이가 있다. 법률위험사고는 관리대상의 성격과 내용으로 볼 때 관리관련법령에 대한 연구와 이해가 필요하다. 예를 들면 법률적 관리대상의 하나인 건물계약에 관하여 그 법률적 성질이나 그리고 성립요건과 효력발생요건을 정확히 이해하고, 이에 근거하여 해당계약을 체결하고 체결된 계약에 관하여 사후관리를 할 때 비로소 계약에 관한 법률적 사고가 예방될 수 있을 것이다.

(2) 예방대책

① 담당관리자의 관리대상에 대한 법률적 전문성 확보
② 계약 상대방 신용조사 및 적격판단
③ 관리관계법령 사전 연구 및 적절한 대처
④ 소유권 보존을 위협하는 권리 설정의 원칙적 금지
⑤ 가압류·가처분·유치권 등 기타 경매 원인제공 원칙적 금지
⑥ 대외기관 신뢰 구축 및 적절한 행정처리

제8절 경영위험사고의 발생원인과 예방대책

1. 경영위험사고 발생원인

(1) 경영위험사고의 의의

수익성 건물에는 소유자가 기대하는 경제적 이익, 즉 임대수익 및 처분예상이익들이 존재한다. 이를 위하여 건물의 경제적 내용연수가 법정연수보다 연장되어야 하며, 건물의 경제적 가치가 유지 또는 제고되지 않으면 안 된다. 따라서 건물경영 사업계획표상에 명기된 투자비의 조기회수와 적정한 투자에 대한 보상, 즉 임대수익이 일정기간에 경영목표대로 맞게 창출되지 않으면 안된다. 이와 같은 투자비의 회수와 투자에 대한 적정이익을 해하는 위험사고를 건물경영위험사고라 한다.

(2) 경영위험사고의 종류와 내용

1) 경영위험사고의 종류

건물의 관리과정에서 나타나는 경영위험사고의 종류는 대체로 다음과 같다.

① 경영손실사고
② 피해보상사고
③ 관리비적자사고
④ 금전사고
⑤ 관리예산누수사고
⑥ 건물자산가치하락사고
⑦ 회계부정사고
⑧ 건물경영환경변화사고
⑨ 인사부정사고
⑩ 공실손실보전사고

2) 경영위험사고의 내용

경영위험사고의 유형별 내용과 원인(요인)은 다음과 같다.

가) 경영손실사고

수익성 건물의 경우 기완공된 건물을 매입하거나 투자이익을 목적으로 일정 토지 위에 계획된 건물을 기획 · 설계하여 건축허가를 받은 뒤 완공하여 사용승인과 보존등기를 거쳐 임대사업을 하게 된다. 이런 경우, 건물기획단계에서 이미 작성된 건물임대사업 계획에 따른 투자금의 회수와 투자이익 목표를 적극적으로 건물자산경영계획에 반영하게 된다.

따라서 경영목표에 부합하는 투자이익을 얻거나 적극적으로 계획된 투자이익보다 초과이익을 건물분양이나 임대사업을 통하여 강력히 추구하게 된다.

건물투자 이익창출은 매각의 경우를 제외하고는 주어진 임대목적물을 임대조건과 임대료에 따라 가장 경제적인 방법으로 조기에 임대함으로써 시작된다. 그리고 건물임차인과 임대인 모두에게 유리한 조건과 임대료수준으로 장기간 임대목적물을 사용 · 수익하게 함으로써 계속적이고 계획된 임대소득을 창출할 수 있게 된다.

그러나 이와 같이 계획된 임대목표가 경영손실을 가져오는 제요인(諸要因)에 의하여 방해받을 때 건물경영목표 달성이 어렵게 되거나 불능상태에 빠지게 되므로 건물자산경영자는 이를 최대로 경계하여야 한다.

건물경영손실을 가져오는 요인에는 대체로 다음과 같은 것이 있다.

① 건물안전사고 발생으로 인한 건물의 기능성 저하 또는 상실
② 잦은 설비와 시설의 고장 · 사고로 인한 사용중단, 편리성 저하 또는 상실
③ 청소상태, 경비보안상태, 관리부실에 따라 발생되는 임대목적물의 쾌적성, 안

전성, 청결성, 보전성 상실 또는 저하

④ 임대관리 주체의 관리잘못과 불친절로 인한 잦은 민원과 불평, 마찰 등에 의한 불만사항 발생(입주자의 잦은 이동의 원인)

⑤ 건물용도와 사용목적에 맞지 않는 주변환경의 변화(경제환경, 행정환경, 자연환경 등의 변화)

⑥ 임대사업추진에 관한 전략, 홍보, 마케팅 부족에 따른 공실 제로베이스 유지 실패

⑦ 입주자가 단기간 입주 후 타건물로 이동

⑧ 안전사고 발생에 따른 인적·물적 보상

⑨ 건물관리 관련 보험 미가입 및 최소가입에 따른 위험책임전가 실패 및 사후관리 처리능력 결여

⑩ 관리부재에 따른 경제 내용연수 단축

⑪ 정비·보수 등의 소홀에 따른 건물미관의 훼손과 용도성 변질 및 상태불량

⑫ 임대료 및 관리비, 주차장 사용료 등을 소유주체가 일방적 책정으로 경쟁력 상실

⑬ 입주자 사후관리 실패

⑭ 법률관리 잘못에 의한 행정벌·형사벌의 책임과 벌과금

⑮ 사업주체의 신용도 하락으로 인한 입주자의 신뢰감 상실

⑯ 행정당국의 행정제재

⑰ 건물관리자의 정신자세 해이 및 사기저하와 교육과 훈련부족에 의한 잦은 고장유발

⑱ 경비업무 소홀과 보안사고 발생으로 인한 입주자 불안심리 확산

나) 피해보상사고

건물에서 발생하는 대형 안전사고 중에서 붕괴·추락·폭발·감전·화재 등의 사고는 인적·물적 손실을 크게 가져오게 되므로 경제적 보상문제가 필연적으로 등장하게 된다. 물론 건물관계 보험에 의하여 정해진 범위 내에서 보상이 가능하나, 실제적으로는 보상처리 과정에서 가입한 보험의 보험금만으로는 완전하게 보상처리가 되지 못하여 소유주체의 별도예산으로 이를 추가 보상하게 되는 사례가 많다. 따라서 경제적 손실이 불가피하게 발생한다.

보상이 보험금만으로 해결되는 경우 경제적 손실은 최소화할 수 있겠으나 현실적으로 보험보상 수준이 매우 미흡하므로 이에 관한 연구와 대책이 필요하다.

대형 안전사고는 수명에서부터 수백, 수천의 인명이 사망 또는 부상당하는 대형 건물

붕괴사고(예 삼풍백화점 붕괴사고) 발생의 경우, 경영주체의 재산을 매각하여 처리하여도 부족한 상태가 되어 소유회사 자체가 부도처리되거나 파산하게 되고 관리주체 역시 형사처벌을 받게 된다.

다) 관리비적자사고

공동주택의 경우 관리비는 실비정산의 성격으로 전기나 수도, 가스 등 사용분에 대하여 징수하게 된다. 그러나 일반건물의 경우 대부분 고정관리비제도이므로 미리 책정된 관리비 총액을 입주자의 임대평수에 따라 입주자에게 부과 징수하게 되는바 전체건물에 입주자가 전혀 없는 경우, 관리비 전액을 건물소유자가 부담해야 하는 관계로 관리비의 적자가 크게 발생된다.

특히 대형 신축건물이 장기간 임대전략 부족, 임대마케팅 실패 등으로 상당한 임대평수를 공실상태로 유지하게 되면, 동파 방지를 위한 겨울철의 전체난방으로 인한 관리비의 적자누적은 자연히 증가하게 된다. 따라서 관리비 적자해소를 위해서는 조기에 경제적인 방법으로 임대를 완료하여 임대평수의 공실이 언제나 제로베이스 유지상태가 되도록 관리해야 한다.

라) 관리비누수사고

관리비가 관리기술 부재나 부실관리에 따라 그 누수되는 관리비 정도가 소규모인 경우는 경영상의 큰 위험이 되지 않는다. 그러나 대규모 건물인 경우 관리비의 누수누적은 건물경영상에 치명적인 위험이 될 수 있다.

건물관리에 있어서 가장 규모가 큰 관리비 사용의 내역은 인건비와 재료구입비이다. 다시 말하면 건물관리자를 방만하게 고용하거나 적재적소에 배치하지 않거나 정실고용을 하게 되면 자연히 인건비가 과다지출되고, 이로 인한 누적은 건물경영관리에 영향을 주는 요인이 된다.

과다한 에너지(전기 · 가스 등) 사용으로 인한 연료비 · 재료비 지출과 과다지출 누적 역시 건물경영관리에 위험요소가 된다. 따라서 관리비의 지출은 예산범위 내에서 이루어져야 한다.

빈틈없는 관리를 위해서는 건물관리 시작 전에 반드시 건물관리계획서와 관리예산서가 작성되어야하고, 그 관리계획과 예산에 따라 관리업무가 집행되어야 한다. 또한 정직한 마음으로 물품 구매나 공사를 발주하여 언제나 관리업무를 투명하고 깨끗하게 관리해야 관리비 누수를 방지할 수 있다. 불요불급한 보수공사를 자주 발주하여 지출관리비가 확인한 관리예산보다 초과하는 경우 건물소유주체의 부담으로 남게 된다. 또한 일정금액이면 완성할 수 있는 작업이나 업무를 사전에 공급자와 짜고 나쁜 방법으로 공사나 일을 맡기게 되면 자연히 예산이 낭비되고 추가지출 및 관리비용의 누수현상을 낳게 된다. 이러한 비용누수 현상이 장기간 계속되면 또 하나의 경제적 위험이 된다. 부정직성에 기인한 구매행위의 경우 역시 금전누수사고의 위험이 된다.

마) 금전사고

임대용건물에 있어서는 매일같이 입금되는 관리비 · 임대료 · 주차사용료가 있으므로 입금된 금액은 당일 마감하여(은행시간 전) 은행구좌에 입금처리하고 사무실 또는 금고에 현금보관하는 사례가 없어야 한다.

사무실에 현금을 보관하거나 경리직원이 지참하고 출 · 퇴근하는 경우 고의 또는 과실에 의하여 입금된 금액의 감손 또는 도난 · 분실 · 횡령 등의 사고가 생길 수 있는데 이를 금전사고라 한다.

바) 건물자산가치하락사고

예를 들어 100억원을 투자하여 신축된 건물이 투자비 회수 전에 어떤 원인에 의하여 그 1/2 수준인 50억으로 하향 평가된다면 당해 건물의 투자비 가운데 그 절반인 50억원의 자산손실이 발생된다. 이러한 자산가치의 하락을 유도하는 제요인을 사전에 찾아내어 이를 과감하게 개선하는 작업이 선행되어야 한다.

건물가격은 위치가격이라 할 수 있다. 사람이 많이 찾아오는 건물로 변모되는 경우 그 건물의 경제적 가치(자산가치)는 100억원보다 상향 평가될 것이다.

반대로 사람이 모이지 않거나 소수이면 자동적으로 사용자가 줄어들어 자산가치는 상대적으로 하향 평가되어 자산손실이 불가피하게 된다. 따라서 자산가치의 하락방지를 위해서는 전략적으로 사람이 많이 보이는 곳으로 건물의 위치가 변모되도록 관리되어야 한다.

사) 건물경영환경변화사고

건물의 경영환경, 즉 관리대상의 건물의 주변환경 중 정치적 · 경제적 · 사회적 · 환경변화에 의하여 건물경영관리에 문제가 되는 위험을 말한다.

아) 회계부정사고

회계부정은 과실에 의한 경우와 고의에 의한 두 가지 경우가 있다. 회계부정은 고의과실을 불문하고 투명한 건물경영을 위해서 반드시 개선되어야 할 위험이다. 특히 고의적으로 수입과 지출을 분식회계처리하여 장부상에 문제가 없으나 실제로는 회계처리가 잘못되어 수입금이 실제로 사라지는 경우와 부정감사 결산 등을 통하여 회계를 왜곡되게 하는 경우의 위험이다. 회계부정위험의 요인에는 고의와 과실이 있다.

자) 인사부정사고

인사부정사고위험이란 관리종사자가 부정 입사하거나 입사후의 관리종사자에 의하여 행해지는 각종 부정사고위험을 의미한다. 인사부정사고의 주된 원인에는 부정직성을 들 수 있다.

차) 공실손실보전사고

공실손실보전위험은 임대관리의 실패로 나타나는 현상으로 공실이 발생하여 임대수입의 감소와 관리비 지출은 전적으로 임대인의 책임으로 돌아가므로 공실보전의 피해위험이 발생하게 된다. 주된 원인은 건물임대의 실패에 있다.

(3) 경영위험사고 발생원인

건물경영위험사고의 발생원인은 대체로 다음과 같다.

① 부정직성에 기인한 관리활동
② 관리종사자의 정신적・도덕적 해이
③ 비과학적 관리(비계획적 관리)
④ 비전문적 관리(비체계적 관리)
⑤ 방만한 건물자산경영
⑥ 사고보상에 대비한 보험가입 준비소홀
⑦ 임대관리 부실
⑧ 경영손실위험 요인(고장, 물상보증, 안전사고 발생 등) 사전예방 또는 최소화 실패
⑨ 위험관리 미숙
⑩ 고의 또는 과실

2. 경영위험사고 예방대책

(1) 의 의

경영위험은 법률위험과 같이 전문성 결여에서 주로 나타나고, 이를 관리하는 관리자와 건물경영에 관하여 판단하고 결정하는 소유자에 의하여 주로 발생한다. 이와 같은 관리조직 내부의 관리구성원에 대한 잘못 외에 경제적 상황의 악화나 천재지변과 같은 외부의 경제적 현상이나 자연현상에 의하여도 경영위험사고가 발생할 수 있다.

(2) 예방대책

건물경영사고의 예방대책은 다음과 같다.

① 안전성 확보로 경제손실・보상손실 방지

② 공실 제로베이스 철저 유지
③ 능력위주의 인사행정
④ 투명하고 회계관리
⑤ 합리적이고 체계적인 구매관리
⑥ 관리담당자의 경영관리업무에 대한 전문성 확보
⑦ 에너지 절약 등 경제관리 제도구현
⑧ 시설설비의 효율성·쾌적성·기능성 확보로 건물부동산 자산가치 제고
⑨ 흑자관리예산 구현
⑩ 정직한 업무관리

제9절 환경사고의 발생원인과 예방대책

1. 환경사고 발생원인

(1) 환경사고의 의의

환경사고란 건물관리환경과 관련하여 나타나는 위험(잠재된 위험)이 인적·물적 결함과 결합하여 사고 이어져 인적 피해와 물적 피해를 가져오는 재해를 말한다.

(2) 환경사고의 종류

건물관리와 관련한 환경사고에는 다음과 같은 종류가 있다.

① 수질오염사고
② 실내공기 오염사고
③ 생활환경 오염사고
④ 소독약재 중독사고
⑤ 공중보건(질병감염)사고
⑥ 자연재해사고
⑦ 조경시설물 고사사고 등

(3) 환경사고의 발생원인

건물환경위험을 생성하는 환경사고의 발생원인에는 대체로 다음과 같은 것이 있다.

① 환경관리기준 미준수
② 위생청소관리 부실
③ 소독관리 부실
④ 식수관리 부실
⑤ 실내공기질관리법령 미준수 및 쾌적성 관리 부실
⑥ 약재처리 전문성 결여
⑦ 조경시설물 관리 부실
⑧ 환경관리교육 부실
⑨ 소독안전수칙 미준수 등

2. 환경사고 예방대책

환경사고는 주로 인적 결함에 의하여 나타나 인적·물적 손실을 초래하게 하는 사고이다. 따라서 환경관리를 철저하게 하는 경우 대부분 해결될 수 있다. 환경사고 예방대책은 다음과 같다.

① 관리관계법령상의 환경관리기준 준수
② 위생청소 철저
③ 방역소독 정기적 시행
④ 공중보건 저해요인 제거
⑤ 소독 안전수칙 준수
⑥ 실내 쾌적성 정기적 점검
⑦ 음용수 수질점검 및 음용시설관리 철저
⑧ 자연재해 사전대비
⑨ 조경시설물 정기적 점검 및 전문적 관리

제10절 보안사고의 발생원인과 예방대책

1. 보안사고 발생원인

(1) 보안사고의 의의

보안사고란 빌딩범죄사고로서 건물 내에서 발생하는 살인·강도·절도·폭행 등 범죄적 행위에 의하여 인적·물적 피해가 발생되는 사건·사고를 의미한다.

(2) 보안사고의 종류

보안사고에는 건물 내에서 발생한 다음의 사건·사고를 의미한다.

① 살인사건
② 강도사건
③ 절도(도난)사건
④ 무단침입사건
⑤ 불법점거 및 기물파손사건
⑥ 건물 내 불법파업
⑦ 고의적 건물 폭파
⑧ 수돗물 저수조 독극물 투여사건
⑨ 고의적 방화(放火)사건
⑩ 기타 건물 질서행위 파괴 등

(3) 보안사고의 발생원인

보안사고의 발생원인은 대체로 다음과 같다.

① 경비근무자 부족
② 순찰태만
③ 경비보안근무 부실
④ 경비보안시설 부족 및 불량
⑤ 출입자, 차량출입통제 관리 부실

⑥ 안보경비교육 미흡
⑦ 경비보안 근무자 정신적 해이
⑧ 보안경비 관리체계 미흡
⑨ 사고신고체계 미흡
⑩ 보안수칙 미준수 등

2. 보안사고 예방대책

보안사고 예방대책은 대체로 다음과 같다.

① 경비원 정위치 근무 철저
② 순찰강화
③ 점검, 진단, 정밀안전진단 정기적 실시 및 사후조치
④ 예방적 정비·보수
⑤ 보안교육 훈련강화
⑥ 보안기관과 협력강화
⑦ 적정경비원 확보
⑧ 출입차량·출입자 체계적 통제
⑨ 경비보안시설 개선
⑩ 경비보안수칙 준수 등

제3장 건물자산안전관리의 문제점과 개선방안

제1절 안전관리의 문제점
제2절 안전의식과 안전불감증의 개선
제3절 불안전 행동의 개선
제4절 불안전 환경의 개선
제5절 안전관리조직과 안전관리종사자의 역할 개선
제6절 안전관리조직 구성원의 인간관계 개선
제7절 안전관리 종사자의 커뮤니케이션 개선
제8절 위험관리 기술성과 전문성의 낙후문제 개선
제9절 안전관리예산의 부족문제 개선

제1절 안전관리의 문제점

1. 안전관리 문제점의 개요

건물관리현장에서 안전성 확보를 위하여 그리고 안전을 높이기 위하여 안전관리계획을 수립하고 안전관리자, 방화관리자 등을 임명하며 안전관리조직(방재실 등)을 구성하여 안전관리활동과 함께 위험의 원인과 위험관리방법 등에 관하여 안전교육을 끊임없이 실시하고 있음에도 불구하고 건물자산관리현장에는 안전사고가 방지되거나 줄어들지 아니하고 계속적으로 발생하여 인적·물적 피해(재해)를 발생시키고 있다.

이와 같은 사고발생의 이유를 규명해보면 건물관리현장에서 아직까지 위험관리를 위하여 개선되어야 할 문제점이 개선되지 아니하고, 계속해서 방치되었거나 경시되어 위험관리 시스템이나 제도·의식 등의 모순이 개선되지 않고 있기 때문이다.

따라서 건물의 위험사고를 근절시키기 위함과 건물의 위험성을 안전성으로 전환하여 건물의 안전을 높이기 위해서는 위험관리상의 문제점들을 과감히 개선하지 않으면 안된다.

결론적으로 위험관리 문제점의 개선 의미는 건물 안전성 확보에 방해되는 원인(위험)들을 바로잡고 개선시켜 건물의 안전성이 확보되도록 하는 작업을 의미한다.

2. 안전관리 문제점의 종류

건물의 안전성 확보를 위하여 개선되어야 할 문제점은 대체로 다음과 같다. 안전관리 문제점의 개선없이는 안전관리 효과를 완벽하게 얻을 수 없으며 안전성 확보는 공염불에 지나지 않는다.

다음에 기술하는 위험관리의 문제개선의 대상은 우리나라 건물자산관리현장에서 나타나고 있는 안전관리상의 장애요인이므로 과감히 개선해야 할 대상들이다.

① 안전의식과 안전불감증
② 불안전한 행동
③ 불안전한 환경
④ 안전관리조직과 안전관리종사자의 역할미흡
⑤ 안전관리조직 구성원의 갈등으로 인한 인간관계

⑥ 안전관리종사자간의 역기능 커뮤니케이션
⑦ 위험관리 기술성과 전문성의 낙후
⑧ 위험전문관리자 인재양성 미흡
⑨ 건물안전관리 예산의 부족

이상과 같은 안전관리 문제점에 대한 개선방안에 대하여 다음의 제2절에서부터 제8절에 걸쳐 구체적으로 설명하고자 한다.

제2절 안전의식과 안전불감증의 개선

1. 의 의

의식이란 사람에 있어서 깨어 있는 마음의 작용이나 상태를 의미한다.

즉, 의식이란 사회적·역사적 영향을 받아 형성되는 견해·사상·이론 등을 의미한다. 그러므로 안전의식이란 안전에 관하여 깨어 있는 마음의 상태를 말한다. 일반적으로 우리나라 사람의 경우 안전의식은 특히 건물관리와 관련한 안전에 관한 의식의 정도는 신축건물에서는 안전사고가 절대 발생하지 않으며, 내 건물에는 절대 사고는 없다는 등 거의 모든 분야에서 안전의식이 결여되어 있거나 무관심함을 볼 수 있다. 특히 안전을 크게 강조해야 할 건설현장에서 작업하는 건설기능공의 경우에도 안전을 무시하거나 경시하는 작업장면은 얼마든지 찾아볼 수 있다.

안전문제에 대한 의식은 사고가 나서야 깨어나게 되나, 그것도 잠시잠깐 깨어 있다가 사고가 수습되고 난 다음날부터 즉시 잠들어버리는 관계로(안전불감증) 건물관리현장에서 날마다 안전을 강조하고, 안전교육을 진행하고 있음에도 불구하고 안전사고는 끊임없이 발생되고 있다.

2. 안전의식과 안전불감증의 개선방안

안전사고 방지를 위해서는 안전관리자는 물론 전 근무자가 안전의식이 깨어 있을 때, 즉 안전성 확보에 대한 의식이 안전을 실천하고자 하는 의지로 바뀌고 안전행동을 할 때 비로소 안전은 확보되고 안전성이 얻어지게 되며, 안전사고는 발생하지 않게 된다. 따라서 안전사고 방지(안전성 확보)와 안전의식은 불가분의 관계를 가지고 있다.

안전을 높이거나 안전성을 확보하기 위해서는 안전관리 의지가 절대적으로 필요한데 이와 같은 의지를 가지려면 의식이 의지를 갖도록 작용해야 한다. 본래 의지란 무엇을 하고자 하는 마음의 자세로서 요구하거나 목적하는 바를 완성하고자 하는 능동적인 마음의 작용을 의미한다.

따라서 건물안전을 의욕하고 목적하는 바가 되어 위험을 제거 또는 방지・최소화하여 안전성을 확보하려면 안전의식이 살아 있고, 이와 같은 안전의식이 안전의지를 갖도록 하여 건물안전활동을 할 때 마침내 건물의 안전성이 확보되게 된다.

문제는 건물안전에 관한 관계자의 안전의식이 살아 있느냐, 죽어 있느냐가 문제이다. 안전의식이 계속 죽어 있다면 안전교육과 안전활동을 계속 실시하여도 안전성 확보는 요원할 것이요, 안전의식이 깨어 있다면 안전확보 의지가 작용하여 경제적인 방법으로 빠른 시간 안에 양질의 안전성이 확보될 것이 분명하다. 그러므로 안전에 관한 의식을 개선해야 한다.

오늘날 건물관리현장에서 항상 느끼는 건물관리 종사자와 관리관계자의 안전의식은 결여되어 있거나 저수준의 상태에 있음을 느낄 수 있다. 즉, 안전의식이 깨어 있는 사람보다 잠자거나 죽은 사람이 더 많이 있음을 볼 수 있다. 이를 개선해야 안전성이 확보된다. 왜냐하면 안전의식이 죽거나 잠들고 있으면 안전의지 역시 죽거나 잠들기 때문에 건물의 안전을 아무리 강조하고 확보하려 해도 안전관리효과는 근본적으로 정상적으로 나타나지 않는다. 그러므로 죽거나 잠든 안전의식을 깨워서(살려서) 사람마다 안전의지를 가지고 안전관리활동에 참가하도록 안전의식을 개선하지 않으면 안 된다. 건물의 안전도 다른 일과 같이 사람의 마음으로 성립되고 이루어지기 때문이다(一切唯心造 思想).

의식의 개선이 왜 중요한가를 구체적으로 분석하면 의식의 개선은 곧 의식이 깨어 있음을 의미하고 깨어 있는 의식은 어떤 사물이나 일을 목적하게 하고 자각되게 하고, 자각하게 되면 인간은 그곳에 도달하기 위하여 스스로 행동(활동)을 전개하기 때문이다.

물론 이와 같은 의지가 목적하는 바를 달성하도록 결정되려면 여러 가지 요인에 의하는데, 그 요인은 다음과 같다.

① 이득 손해의 요인
② 편리 불편의 요인
③ 좋거나 나쁜 것의 요인
④ 알맞은가 알맞지 않은가의 요인
⑤ 흥미의 요인

위와 같은 요인에 의하여 안전성 확보를 결심하는 의지를 갖게 됨으로써 건물의 안전성 확보는 ① 이득이 되고, ② 편리하며, ③ 좋은 것이며, ④ 알맞은 것이며, ⑤ 재미있는 것으로 인식될 때 안전성 확보의 의지를 갖게 되고 안전성 목표(달성하고자 하는 목적) 달성을 위하여 최대로 노력하게 된다.

결론적으로 건물관리에 있어서 안전성이 확보되려면 현재와 같은 안전의식의 결여나 무관심을 나타내는 안전결핍증 · 안전건망증 · 안전불감증 등을 깨어 있는 의식으로, 살아 있는 안전의지로 바꾸어(개선하여) 안전목표를 달성하도록 해야 한다.

제3절 불안전 행동의 개선

위험이 사고로 발전되려면 반드시 인적 결함이나 물적 결함, 시간, 환경(불완전한 상태) 등과 결합되어야 재해로 나타나게 된다. 여기서 불안전한 행동은 재해위험의 원인이 되는 것으로 인적 결함에 의하여 유발된다. 재난의 대부분이 바로 불안전 행동에 의해서 사고가 발생하게 된다.

1. 불안전 행동의 의의

불안전 행동이란 건물관리현장에서 근무하는 관리종사자가 교육부족, 관리자의 능력부족(무경험 · 미숙련 등), 부주의, 무지, 경솔, 규율 부족, 정신적 부적합(쇠약 · 장애 · 건강상태 불량 등) 등의 원인으로 침착하지 않고 서둘거나 작업기준(근무규정이나 기준)을 무시하고 대충대충하거나 중간 동작을 생략하는 등 정상적이지 못한 행동을 말한다.

불안전한 행동은 인적 결함에서 유발되는 것으로 물적 결함인 불안전한 환경과 함께 위험과 결합하여 사고를 낳고, 사고는 재해를 유발시키는 결정적인 재해의 요소가 된다.

2. 불안전 행동의 원인

전술한 바와 같이 불안전한 행동은 개인의 인적 결함(개인적 성격결함)이 원인이 되어 건물안전사고를 유발하므로 불안전한 행동에 대한 연구가 필요하다.

불안전 행동을 왜 하였는가를 건물관리현장에서 조사해보면 ① 몰랐다, ② 안전교육을 못받았다, ③ 안전교육을 받았으나 기억에 없다, ④ 알고 있었으나 하기가 싫었다 등으로 대답하고 있다.

전술한 ①, ②, ③항은 교육에 관계되는 사항이고, ④항은 본인의 의지에 관련된 사항이다. 안전교육을 실시하지 않았거나, 실시했더라도 교육의 효과가 잘 나타나지 않은 교육임을 알 수 있다.

3. 불안전 행동의 개선방안

건물관리현장에서 안전성 확보를 위하여 안전만을 강조하거나 구호에만 집착할 것이 아니라 실질적으로 안전성이 확보되려면 안전 저해요인(인적 결함, 물적 결함, 불안전한 상태 등)들을 개선하여 안전환경을 만들어줄 때 안전은 높아지고 안전성은 확보되게 된다. 그런 이유로 불안전 의식이나 불안전 행동들이 개선되어야 할 필요가 있다.

(1) 기초직무교육 실시(의식교육)

교육 미이수로 인한 안전사고는 전적으로 안전교육 이전에 근무나 작업을 어떤 절차로 하는가에 대한 직무기초교육이 필요하다. 특히 신규 입사자, 직장보직 변경자들에게는 반드시 기초직무교육을 실시하여 일·근무·작업 등을 감당할 수 있도록 교육을 실시해야 한다.

신입사원이나 보직변경자에게 무조건 안전을 강조하기보다 직무기초교육을 실시해서 신입사원 등이 직무를 알게 하고 할 수 있는 방향으로 교육하여 교육실시 이후 불안전 행동이 나타나지 않도록 교육, 개선되어야 한다.

(2) 안전교육 실시(의지교육)

불안전 행동은 전적으로 안전교육에 문제가 있는 것이므로 안전교육 자체를 개선해야 불안전 행동이 나타나지 않는다. 인간에 대한 교육은 그 성과의 발전과정을 통해 살펴보면 다음과 같다.

1) 1단계 : 감지단계

교육의 첫 단계로서 인간의 5감에 의해서 감지하는 단계에서 일단 교육내용을 감지하게 된다.

2) 2단계 : 이해단계

감지한 내용을 이미 가지고 있는 지식과 정보를 통해 이해하는 단계이다. 의식을 갖는 단계이다.

3) 3단계 : 판단단계

감지하고 이해한 것을 자신의 가치관에 따라 판단하는 단계이다. 가치관에 따라 행동을 거부할 수도 있다. 의지를 갖는 단계이다.

4) 4단계 : 행동단계

마음(의지)의 지시에 의하여 행동하는 단계이다.

이와 같이 교육은 실시하더라도 교육을 받는 피교육자는 4단계를 거쳐 비로소 행함으로써 정확한 감지와 이해 그리고 올바른 가치관에 의하여 판단하고, 적극적이고, 긍정적으로 행동할 때 비로소 교육의 효과는 정상적으로 나타나게 된다.

이와 같은 단계별 교육의 효과과정으로 볼 때 정상적인 안전한 작업 또는 근무 행동을 하도록 의지를 가지고 결심하게 하는 교육이 필요하다. 즉, 교육의 개선이 필요하다. 뿐만 아니라 감지되고 이해된 지식을 할 수 있는 기능으로 전환하고 안전한 행동을 하는 의지를 갖는 방향으로 교육이 개선되어야 한다.

(3) 가치관교육(행동교육)

가치관의 전환이 필요한 방향으로 교육이 개선되어야 불안전 행동이 개선될 수 있다.

작업 · 근무 방법을 다 알고 있었고 안전을 위한 근무절차, 안전도구 사용법, 안전규칙 등 모두 다 알고 있었으나 고의 또는 의지 부족으로, 하기 싫어서, 귀찮아서, 일부러 하지 않았다 등의 경우는 가치관(사고방식)을 바꾸어 안전행동해야 한다는 방향으로 교육이 개선될 때 비로소 불안전 행동이 나타나지 않게 된다. 다시 말하면 건물의 안전성이 보장되려면 가치관교육을 통하여 불안전 행동을 안전행동으로 개선되어야 한다.

제4절 불안전 환경의 개선

1. 불안전 환경의 의의

건물관리현장에서 일어나는 사고는 사고를 일으킨 위험과 인적 결함 외에 불안전 환경(물적 결함)이 상호 결부되고 작용하여 재해를 유발시키게 된다. 따라서 건물의 안전성 확보를 위하여 불안전 환경 역시 개선되지 않으면 안 된다.

불안전 환경이란 환경적 불안전, 구조적 불안전, 인체와 에너지의 격리 부족 등으로 안전성이 저해되는 사고의 원인을 의미한다. 또한, 불안전 환경이라 함은 에너지, 작업환경, 시설설비 등의 결함을 의미하며, 이러한 결함이 사고의 원인이 될 때 비로소 사고의 물적결함이 된다.

2. 불안전 환경의 개선방안

불안전 환경은 건물의 안전성 확보를 위하여 다음과 같이 개선되어야 한다.

(1) 시설 · 설비의 결함 개선

시설과 설비는 부재와 부품으로 이루어져 있으며, 이와 같은 부재와 부품은 내구 연한이 원칙적으로 정해져 있다(사용 잘못의 경우, 특수한 기후환경의 경우, 예외적으로 정상적 내구연한보다 단축됨). 따라서 정해진 내구연한 전에 시설의 부재, 설비의 부품 등을 교체 또는 교환해주어야 시설과 설비의 정상적 기능을 유지할 수 있다.

그러나 안전을 강조하는 관리현장에서 경제성을 앞세워 부품이나 부재를 정상적 주기에 교체하지 않는 것으로 인하여 시설과 설비에 결함이 잠재되게 되고, 이러한 잠재결함이 위험과 만나게 되면 사고를 유발하게 된다. 따라서 건물관리현장에서는 경제성보다 안전성이 강조되어야 하고 이를 위한 실천이 병행되어야 한다.

즉, 언제나 건물관리현장에는 안전제일주의가 지켜지도록 안전성이 최우선적으로 강조되어야 한다. 다시 말하면 경제성 제일주의가 안전성 제일주의로 전환되어야 한다. 이와 같이 개선되려면 건물의 소유자나 경영자의 의지와 협조가 절대적으로 필요하다.

(2) 작업환경 개선

안전한 작업, 안전한 근무는 작업근무의 환경의 영향을 받게 된다. 정리, 정돈, 청결 등은 안전한 작업과 근무를 보장하여 재해를 방지해주게 된다.

특히 작업장(근무장 포함)의 소음, 진동, 매연, 분진, 낮은 조도, 온도, 습도, 출입통제 불능 등의 환경요소들은 작업사고 발생과 밀접한 관계를 가지고 있다. 안전을 확보하려면 안전을 강조하기 전에 작업환경을 안전한 작업환경이 되도록 개선하지 않으면 안된다. 작업 전에 안전에 저해되는 제요소들을 안전요소(안전환경요소)로 바뀌도록 개선해야 한다.

(3) 에너지사용 결함 개선

에너지는 적정한 에너지, 정품의 에너지를 사용법에 맞게 사용하고 관리해서 건물 사용에너지에 결함이 생기거나 잘못 사용이나 보관으로 인한 안전사고의 발생을 예방하여야 한다. 에너지는 그 자체가 위험한 것이 아니라 잘못 사용하거나 잘못 관리할 때 안전사고가 유발되기 때문이다.

제5절 안전관리조직과 안전관리종사자의 역할 개선

1. 안전관리조직 개선

건물관리조직은 관리대상건물의 규모나 용도에 따라 다소 차이는 있으나 대체로 관리소장 아래에 방재실, 보안팀 등을 두고 방재실장, 보안팀장, 방화관리자, 안전관리자 등을 안전책임자급으로 하고 필요한 경우 보안관리자, 경비원 등을 안전조직구성원으로 하여 안전활동의 책임을 지도록 조직되고 운영되고 있다.

현장의 사정에 따라서는 안전관리활동은 건물의 안전과 보안을 안전관리책임자 개인의 고유업무인 동시에 1인 업무로 인식하고 있는 경우도 있다. 하루빨리 개선되어야 할 안전관리조직의 문제점이 아닐 수 없다.

안전성이 확보되려면 자체 건물관리 구성원(경영자 포함)이 모두 참여하고 실천하는 안전조직으로 개선되어야 한다. 개선되어야 할 안전조직과 역할은 다음과 같다.

개선되어야 할 안전관리조직의 모델은 종전의 1인 안전관리책임자 조직이 아닌 전체 임직원이 모두 참여하고 역할하는 범사적 안전관리조직이 되어야 한다.

안전관리조직에는 라인형(직계식 조직), 스태프형(참모식 조직), 라인스태프형(직계 참모식 조직) 등이 있으나 오늘날 우리나라 건물관리 일반현장에서 사용되고 있는 안전관리조직은 주로 스태프형이 사용되고 있다.

따라서 방재실장, 보안팀장 등이 관리소장을 안전담당 참모자격으로 관리소장을 보좌하고 있는 실정이다. 따라서 안전관리조직도 안전관리활동에도 여러 가지 문제점이 노출되고 있다. 그러므로 안전관리조직과 안전관리활동은 다음과 같이 라인형 또는 라인스태프형으로 개선되어야 한다.

2. 안전관리종사자 역할 개선

종전의 안전관리활동을 방재실장, 보안팀장, 안전관리자, 방화관리자만의 고유업무로 인식하여 안전관리업무를 전담함으로써 안전관리효과는 매우 저조하게 나타나고 있다.

따라서 안전관리조직 역시 범사적으로 개선되어야 하며, 관리종사자의 역할도 안전제일주의 안전목표달성을 위하여 다음과 같이 개선되어야 한다.

(1) 경영자(소유자)의 안전역할

① 안전관리방침을 결정한다.
② 이를 관리자(총괄관리자, 관리주체)에게 시달한다.
③ 계속 안전에 관심을 가지고 지휘 감독한다.

(2) 건물관리소장의 안전역할

① 시달받은 안전관리방침에 따라 안전관리계획서를 작성한다.
② 건물관리감독자에게 다시 시달한다.
③ 진행과정을 조정・통제・평가・개선한다.
④ 진행과정을 경영자에게 정기적으로 보고한다.

(3) 건물관리감독자의 안전역할

① 시달받은 안전관리계획서에 따라 세부안전 세칙 및 수칙을 작성한다.
② 이를 관리근무자에게 시달・교육・조정・통제・감독・평가・개선・보고한다.
③ 진행과정을 관리소장에게 정기적으로 보고한다.

(4) 건물관리근무자의 안전역할

① 시달받고 교육받은 안전관리 세칙과 수칙을 준수하고 이행한다.

② 시달받고 교육받은 안전실천 내용이 이상하거나 불합리한 경우 즉시 감독자에게 확인한 후 다시 실시한다.

이상에서 설명한 안전관리조직과 건물관리구성원의 역할개선에 대하여 도표로 표시하면 [그림 3-1]과 같다.

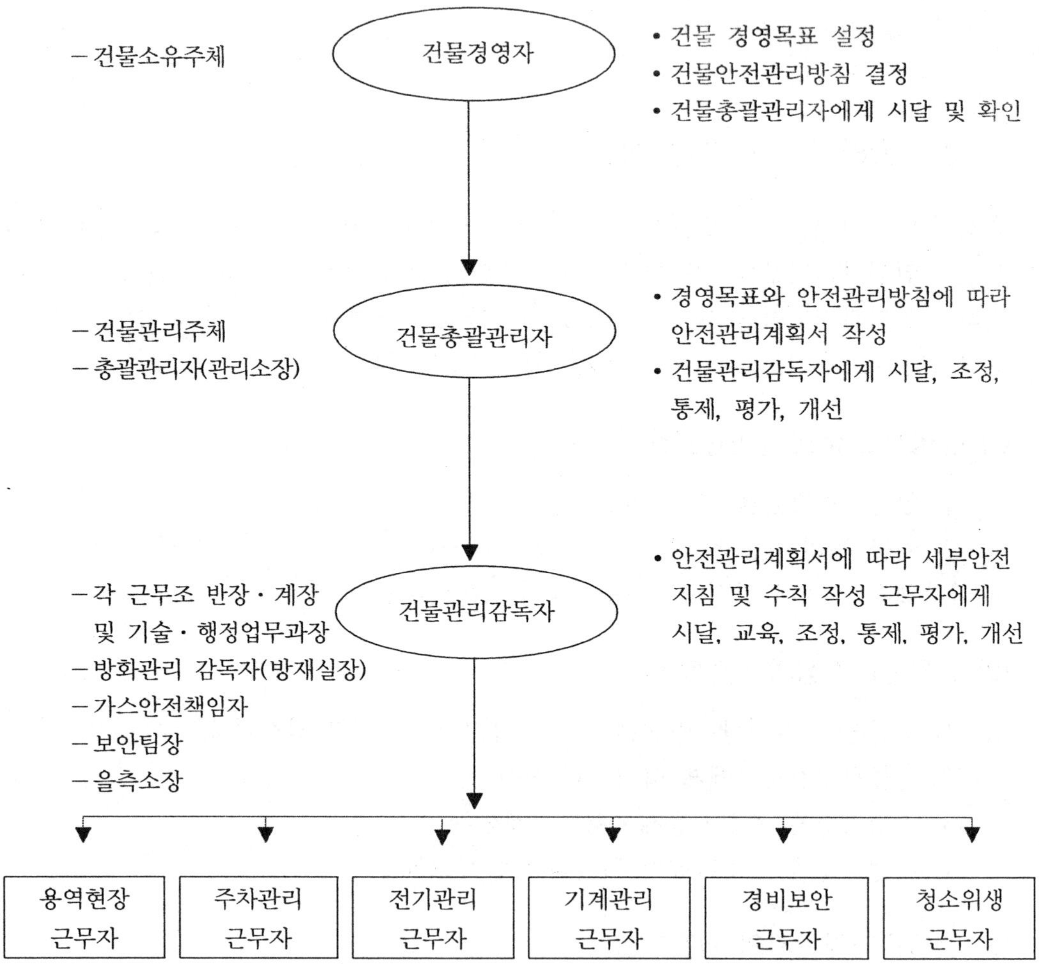

※ 주 : 청소위생근무자는 • 안전관리수칙, 지침준수
• 안전실천사항이 불합리할 경우 반드시 감독자에게 확인 후 실천

[그림 3-1] 안전관리조직과 건물관리구성원의 역할 개선

제6절 안전관리조직 구성원의 인간관계 개선

1. 인간관계 개선의 필요성

인간관계란 human relations을 뜻하는 것으로 사람과 사람 사이의 관계를 의미하며, 미국에서 일찍이 과학적 관리법과 함께 발전한 인간관계 관리론의 중심이론이다.

근무(활동, 작업)는 본래 한 사람만으로 하는 것이 간편하고 바람직하며 책임과 이익면에서 좋은 방법이나 일 양의 변화, 분업의 필요성, 작업환경의 변화 등으로 혼자보다는 다수가 일에 동참해야 하고 분담하도록 변화·요구되고 있다.

특히 건물안전관리는 방화관리자나 방재실장 한 사람의 활동과 역할만으로 건물 전체의 위험성이 제거되고 안전성이 확보되지 않기 때문에 건물관리종사자(경영자·관리자·감독자·근무자) 모두가 안전관리를 위한 관리활동에 참여하여 회사(또는 조직)가 지향하는 안전관리 목표를 가장 빠른 시간 내에 경제적인 방법으로 양질의 안전성을 확보하지 않으면 안 되게 되었다.

그러나 여러 부서의 근무자 전원이 하나의 목표(안전성 목표)를 향하여 통일된 의견을 가지고 자발적으로 안전에 대하여 의욕을 불태운다면 생산적인 안전성 확보에 문제가 없겠으나 오늘날의 현실을 건물관리현장마다 기대하는 안전관리 목표는 여전히 성공적으로 달성되지 못하고 있는 실정이다.

안전교육, 안전회의, 안전훈련, 안전방침, 안전규정, 안전지침 등 일련의 안전활동을 강화 실시하고 있음에도 불구하고 여전히 건물 안전성 확보에 실패하고 있다. 여기에는 여러 가지 생산적 안전성 확보를 방해하고 저해하는 저해요인이 있을 수 있으나(기업 내 제도요인, 자원적 요인, 자본낭비율 요인 등) 제4차 호손 실험 결과로 얻어진 인간관계 요인(human relation factor)이 가장 큰 안전생산성 능률의 저해요인으로 작용하고 있음을 알 수 있다. 즉 근로자의 작업환경, 임금, 복리, 작업조건, 어느 것보다 근무자(작업자)가 자기 직업, 직장 동료, 직장 상사, 고용된 회사에 대하여 가지는 감정이나 태도가 결정적으로 일의 생산성(안전관리활동의 생산성)에 크게 영향을 주기 때문이다.

또한 이와 같은 감정이나 태도는 직장의 분위기에 영향을 받으며 직장의 분위기는 직장 상사와 직원간, 감독자와 부하간의 원만한 인간관계(이상적인 인간관계)가 형성되고 유지될 때 가능하다. 따라서 건물의 안전관리를 생산적으로 능률있게 하기 위해서는 따뜻하고 우호적이며 협력·협조하는 긴밀한 인간관계가 건물관리종사자간에 수립되고 유지되어야 한다는 결론을 얻을 수 있다.

결론적으로 건물관리 직장근무자간의 인간관계가 원만하고 이상적으로 유지되어야 하는 필요성, 즉 비정상적인 인간관계 개선의 필요성은 다음과 같다.

① 인간관계 개선은 생산적인 안전관리활동에 절대적으로 필요하기 때문이다.
② 인간관계 개선은 인간관계의 궁극적 목적이 되는 생산이나 작업, 활동 등에서 명랑하고 분위기가 좋으며 사기가 높은 직장을 만들고 근로자 각자가 자발적으로 참여하여 기업의 목적달성(경영자 이익)과 근로자의 이익(노동조건 개선 및 경제적 · 사회적 · 정신적 만족)을 얻는데 필요하기 때문이다.
③ 특히 안전관리의 전제가 되는 건물의 각종 위험에 대해서 책임감을 가지고 스스로 위험을 찾아내고 예방하는데 인간관계가 획기적으로 도움이 되기 때문이다.
④ 인간관계의 개선은 근로자에게 경제적 만족, 정신적 만족, 사회적 만족을 주어 직장의 모럴을 높여 근무하는 직장이 사기가 높고 생산적인 팀워크를 만들 수 있기 때문이다.
⑤ 인간관계의 개선은 근로자의 소망(인간적 대우, 성장, 성취, 안정, 공헌)을 통하여 직장의 모럴(근로의욕 · 사기)을 높일 수 있기 때문이다.
⑥ 이상적인 인간관계의 수립과 유지없이는 건물위험을 완벽하게 예방할 수 없기 때문이다.

2. 인간관계 개념

(1) 인간관계의 의의

미국의 케이스 데이비드(≪기업에 있어서 인간관계≫의 저자)에 의하면 인간관계란 직장의 근로자가 경제적 · 심리적 · 사회적 만족을 얻으면서 협동하여 생산적으로 활동할 수 있도록 직장환경을 만들어 직원들을 자체적으로 융합시키는 것을 의미한다. 또한 레슬리스 버거 교수(제4차 호손 실험 멤버)는 “인간관계란 협력행위의 사실을 취급하는 전문적 방법, 기술 및 관점을 의미한다.”라고 정의하고 있다.

인간관계(human relations)란 사람과 사람과의 관계를 의미하며 상대 사람의 인간적 존엄성을 인정하고 사회적 일원으로 대우하여 신뢰하고 따뜻하게 긴밀한 협력관계로서 직장의 모럴을 높여 집단적으로 일을 생산적으로 해결하려는 사람들의 관계를 의미한다.

(2) 인간관계의 본성

인간관계는 눈에 보이지 않는 공장(phantom factory)으로서 눈에 보이는 공장(real factory)을 능률적으로 관리하기 위해서 절대적으로 필요하다(베네트, 미국제조협회회장). 이와 같은 환상의 공장(인간관계)은 직장 모럴에 크게 영향을 주는 것으로 인간관계관리의 성패는 눈에 보이는 공장경영관리의 성패에 결정적 영향을 주게 된다. 따라서 인간관계의 관리는 무엇보다 중요한 과제임이 분명하다. 또한 인간관계가 상호 이상적으로 되려면 인간적 대우욕구, 성장욕구, 성취욕구, 인정욕구, 공헌욕구 등을 충족될 때 모럴이 생기고 인간관계가 원만하게 된다. 즉, 인간관계는 모럴(의욕·사기)과 밀접한 관계를 맺고 있다.

즉, 인간관계는 모럴을 만들고 모럴은 일·작업·활동의 성패에 영향을 주게 되므로 결국 인간관계는 일·작업·활동·성패에 영향을 주는 본성이 있다.

3. 인간관계 개선방안

전술한 바와 같이 건물안전관리를 생산적으로 하기 위해서는 건물관리현장의 종사자간의 인간관계가 비록 다면성·다양성·복잡성을 가지고 있으나 이와 같은 점을 극복하여 원만하고 이상적인 인간관계, 즉 어느 사람, 어느 직장의 상하간, 직장동료간에 우호적이고 화목하며 협조적이면서 연결이 긴밀한 관계로 인간관계가 수립되고 유지되도록 개선되어야 한다.

건물관리조직에 있어서 성공적인 안전관리활동을 하기 위하여 필요한 명랑하고 사기가 높으며 우호적인 직장을 만들기 위해서 개선되어야 할 인간관계의 개선과제와 내용은 대체로 다음과 같다.

(1) 경영자 개선

건물경영자의 말 한마디나 행동은 직장의 이상적인 인간관계에 관계되는 직장 분위기, 사기, 근무의욕에 절대적인 영향을 끼치게 된다. 따라서 건물경영자의 의식(생각과 행동)은 다음과 같이 개선되어야 한다.

1) 헤드십 지양, 리더십 발휘

리더십(leadership)과 헤드십(headship)은 모두 어느 한 사람의 집단 내의 다른 멤버에 영향을 미치는 것은 동일하나 리더십이 다른 구성원이 자발적 참여나 협력을 구하고 있는 데 비하여 헤드십은 권위나 지배를 통하여, 그리고 지위나 권한행사를 통하여 전원을 참여시키는 데 특색이 있다.

건물관리조직 구성원에게 이상적이고 원만한 인간관계를 유지하려면 헤드십보다 리더십이 훨씬 효과적이다. 지배와 권위는 때때로 필요한 것이나 건물관리, 그것도 안전성을 높이려고 하는 안전관리활동에 있어서는 경영자의 리더십을 통하여 전원이 스스로 위험관리에 참여하도록 해야 한다. 따라서 건물경영자의 비민주적인 헤드십은 민주적인 리더십으로 개선되어야 한다.

가) 리더십의 정의

리더십이란 하나의 조직이나 집단에 있어서 조직의 목표나 과제를 달성하게 위하여 그 집단이나 조직의 한 사람이 그 다른 구성원에게 영향을 미치는 현상을 의미한다.

이런 점에서 건물의 경영자나 관리감독자는 공식적으로 리더십을 행사하도록 인정되어 있는 자이므로 리더십으로 조직이나 집단, 회사의 과제나 목표를 달성해나가게 된다.

그러나 자칫하면 잘못된 리더십의 행사를 통해 집단의 구성원이 상처받고 소외되어 사기와 근무의욕(모럴)이 낮아지거나 꺾이어 스스로 참여·협력하지 않게 되기도 한다.

X, Y이론으로 볼 때 Y유형의 사람에서 X인간유형의 사람으로 변질되어 관리감독자 없을 때는 일을 하지 않거나 참여·협력하지 않음으로써 위험을 알고 있어도, 그리고 해결할 수 있어도 방치함으로써 안전사고를 유발하게 만든다. 따라서 경영자, 관리감독자 등의 조직의 경영자(top)와 관리자(manager)는 감독자(foreman)와 근무자·작업자(fieldman)에 더 많은 리더십(leadership)을 발휘하여 X인간유형의 사람을 Y인간유형의 사람으로 변화시켜야 한다.

훌륭한 리더십을 발휘하려면 발휘되는 리더십의 요건에 합당해야 하고, 리더가 신뢰를 받아야 하며, 커뮤니케이션을 잘해야 한다.

나) 리더십의 요건

회사의 경영자나 관리자가 리더십을 정상적으로 발휘하여 하나의 목표에 전원이 스스로 참여·협력케 하려면 적어도 그들이 발휘하는 리더십은 리더십의 요건에 맞는 리더십을 행사하여야 한다.

리더십의 요건을 프랑스 학자 에이 투월의 견해를 중심으로 설명하면 다음과 같다.

① 리더는 구성원으로부터 신뢰를 받아야 한다.
② 리더는 항상 모범을 보여야 한다.
③ 통솔되어야 하는 구성원을 각각 잘 파악하고 이해해주어야 한다.
④ 조직(집단·회사)을 정기적으로 점검한다.
⑤ 자주 토의한다.

⑥ 교육을 실시하여 근무자를 유능하게 만든다.
⑦ 근무자의 창의를 존중하고 헌신적으로 돌본다.
⑧ 근로자(근무자)의 세세한 일에는 너무 신경쓰지 않는다.

다) 신뢰의 요건

신뢰를 잃은 리더는 리더십을 발휘할 수 없다. 설사 리더십을 발휘한다 하더라도 집단이 리더의 목표대로 움직여주질 않는다. 그러므로 리더가 리더십을 성공적으로 행사하려면 적어도 구성원이나 근무자·근로자들이 리더를 신뢰해야 한다. 신뢰없는 리더십은 허공을 향하여 손을 젓는 것과 같다.

신뢰를 받으려면 적어도 신뢰받는 요건에 합당해야 한다. 신뢰의 요건은 대체로 다음과 같다.

① 리더의 지시는 믿을 수 있어 지시하는 방법대로 근무(작업)하면 일이나 목표가 달성된다.
② 리더는 겉으로는 엄격해 보이나 사실은 인정이 많다(이해심이 깊다).
③ 리더를 따라가면 능력이 향상되고 덕을 본다.
④ 리더는 부하의 일과 형편을 더 걱정하고 도와준다.
⑤ 리더는 위에는 강하고 엄격하나 아래(부하직원)로는 인정이 많다.
⑥ 리더는 항상 언행이 일치하므로 리더의 말을 믿고 행하면 실수가 없다.
⑦ 리더는 나의 리더로서 자격이 있다.
⑧ 리더는 상황판단을 정확히 하고 일의 추진력과 상황대처 능력 등이 있다.
⑨ 리더 말을 따르면 안전하다.
⑩ 부하를 리더 자신보다 먼저 생각한다.

라) 통합조정 능력

리더가 어떤 조직의 목표나 과제를 리더십을 발휘하여 성취하려면 전원을 참여시켜야 하는 것과 전원의 힘을 한 곳으로 발휘되도록 그들이 의견을 듣고 통합하며 조정하는 리더의 능력이 요구된다.

리더는 전체 구성원을 통하여 리더의 생각이나 사상을 실천하는 것이므로 구성원 전체의 생각과 행동을 리더가 의도하는 방향대로 몰고 가야 한다. 그러나 수많은 구성원은 각각 다른 생각과 행동으로 하나의 생각·행동으로 통일하려면 리더는 통합과 조정의 능력을 발휘해야 한다.

2) 교육 · 훈련 실시

교육이란 생각을 변화시키고 일의 능력을 갖게 하거나 높여준다. 또한 훈련은 부족한 지식과 기능을 보완시켜주게 된다. 전체 구성원의 실력이나 일 처리능력이 일정수준이 되지 아니하면 좋은 팀워크가 이루어지지 아니하고 좋은 팀워크가 되지 않으면 일이나 업무가 잘 추진되지 않는다.

리더는 구성원 전원을 하나의 생각, 하나의 행동을 갖게 하고 일정수준의 일 처리능력을 가지게 하기 위하여 교육과 훈련을 실시해야 하고, 그와 같은 훈련과 교육을 실시하는 능력이 리더에게 있어야 한다.

3) 능력에 합당한 업무 부여

교육과 훈련을 실시해도 구성원 각자는 개인차가 있으므로 부하에게 능력에 맞는 업무를 맡기고 처리하도록 업무를 보장해야 리더십이 통하게 된다. 즉 부하에게 능력이 맞는 업무나 일을 맡기려면 ① 공평하고, ② 능력에 맞게, ③ 각 개인 장점을 살리도록, ④ 노력하면 달성할 수 있는 범위 내에서, ⑤ 팀이 할 수 있도록 짝을 지워 일을 할당하고 임무를 부여해서 관찰해야 한다.

4) 커뮤니케이션 유지

리더십이 성공하려면 전원이 커뮤니케이션이 잘되어야 한다. 커뮤니케이션이란 의사를 상대방에게 전달하여 나의 의사와 같게 되는 것을 의미하므로 리더가 리더십을 발휘해서 구성원을 하나의 생각이나 행동으로 몰고가려면 적어도 대화 · 회의 등을 통하여 의사가 통하도록 해야 한다.

또한 커뮤니케이션이 잘되면 팀워크가 잘되고 직장의 모럴이 높아간다. 커뮤니케이션을 잘하려면 ① 지시는 전원에게 전달되게 하고, ② 리더와 부하간의 부담없는 분위기가 형성되어야 하며, ③ 허심탄회한 대화광장이 만들어져야 하고, ④ 부하의견을 솔직히 듣는 태도를 리더는 가져야 하고, ⑤ 부하의 창의성을 존중(인간성 존중)해야 한다는 등 커뮤니케이션의 조건이 충족되어야 한다.

사람을 사람답게 대접하고 인정해주며 존중하면 서로 통하는 사이가 된다. 무조건 나를 따르라 방식(follow me 방식)은 현대 건물관리조직에서는 잘 통하지 않는 방식이다. 이와 같은 일방적 요구 방식은 관리자나 감독자가 있을 때는 일이 추진되거나 관리감독자가 없을 때는 일의 참여도나 성취도가 훨씬 떨어지게 된다.

(2) 관리종사자 개선

건물관리종사자란 건물관리에 직접 종사하는 자를 의미하며, 이에는 광의의 관리종사자와 협의의 관리종사자가 있다.

전자에는 건물경영자를 포함하여 관리소장(관리자), 관리감독자와 관리근무자들을 의미한다. 후자는 관리소장, 관리감독자, 관리근무자만을 의미한다. 즉, 건물관리현장에서 직접 관리업무를 감독·관리 활동에 참여하는 자, 즉 피고용자를 의미한다. 본절에서는 협의의 관리종사자의 역할에 대해서만 설명하고자 한다.

1) 관리소장 총괄(관리자)의 개선

관리소장은 대외적으로 관리사무소를 대표하고 대내적으로는 경영자를 직접 보좌하거나 관리업무를 총괄 지휘·감독·통제·조정하는 자이므로 그 역할은 대단히 중요하고 관리효과 창출에 지대한 영향을 미치는 자이다.

건물의 위험관리에 있어서도 관리소장의 역할은 역시 중요함은 재론의 여지가 없다. 종래에는 관리대상 건물의 규모나 설비·용도·성격 등에 따라 다소의 차이는 있으나 관리조직 편제로 볼 때 관리소장 밑에 방재실, 보안팀, 경비팀 등을 두고 방재실장, 보안팀장, 경비팀장(반장), 방화관리자, 안전관리자, 경비반장 등을 두어 참모형(스태프형)의 안전관리조직을 운영하여왔다.

이와 같은 안전관리조직과 편제에 따른 안전관리활동은 지극히 제한적이고 소극적인 범위 내에서 안전관리활동을 하게 되어 기술위험관리와 보안위험 등에는 어느 정도 성공을 거둘 수 있었다. 그러나 경영위험·법률위험·환경위험관리에는 접근조차 어려운 형편이었다. 따라서 종래의 안전관리조직과 편제를 라인형으로 바뀌게 하되 참모형을 가미하여 건물관리영역의 모든 관리항목에 존재하는 위험(기술위험·경영위험·법률위험·환경위험·보안위험 등)들을 관리할 수 있도록 안전관리조직을 개편 운영해야 한다.

안전관리조직의 개편 이후 협의의 관리종사자들에게 각각의 고유업무에 존재하는 위험을 직접 관리하게 하고 방재실장, 보안팀장, 경비팀 등을 통하여 안전관리(위험관리)를 총괄하게 함으로써 안전관리효과를 극대화시키도록 해야 한다.

물론 건물의 경영자가 안전관리의 최고의 의사결정과 안전방침을 정한 것에 근거하여 관리소장(관리자)이 안전관리를 총 지휘하는 체제로 역할이 변경되어야 한다.

건물경영자의 안전방침에 따라 안전계획서를 작성하고 관리감독자에게 시달·교육 후 실시하게 하고 이를 지휘·감독·조정·통제·분석·평가하여 좋은 점은 살리고 나쁜 점은 수정·보완하여 관리감독자나 관리근무자들에 의한 안전사고가 근절되도록 역할을 해야 한다.

2) 관리감독자의 개선

관리감독자란 기계과장(반장), 전기과장(반장), 종래의 관리감독자는 안전에 관하여 관심을 가지고 있었으나 실제로 역할을 하는 데는 소극적이었다. 따라서 안전의 효과창출

역시 안전관리자・방화관리자에 의하여 창출되는 것으로 인식하여왔다.

그러나 건물의 안전성을 확보하고 안전을 높이려면 관리감독자의 안전역할 역시 개선되어야 한다.

즉, 자기 부서 안전확보는 물론 관계부서의 안전 역시 보장되도록 협력하지 않으면 안된다. 관리소장에 의하여 작성된 안전관리계획에 따라 안전세칙을 수립하고 휘하 근무자에게 직접 안전교육과 훈련을 시켜 근무자들의 관리활동 전, 활동 중, 활동 후에 안전사고가 나지 않도록 지휘・감독・통제・조정・평가・분석하여 개선점은 관리소장에게 보고하여 적극적으로 개선해야 한다.

안전을 높이기 위해서 필드(현장)의 근무자의 사기를 높이는 역할 역시 관리감독자의 몫이라 할 수 있다.

3) 관리근무자의 개선

관리근무자란 건물관리활동을 직접 담당하는 자, 즉 기계・전기・방재실 근무자, 영선 등의 기사, 기능사, 경비원, 청소미화원, 소독근무자, 관리근무자, 방화관리자, 안전관리근무자, 주차관리근무자 등을 의미한다.

이와 같은 관리근무자는 위험시설과 설비를 직접 만지고 운전・정비・보수・영선・청소・경비・주차관리를 직접 담당하는 자이므로 건물의 각종 위험과 항상 위험에 노출되어 있다. 따라서 위험사고를 자주 당하거나 일으킬 수 있다.

그러므로 위험관리는 관리근무자에 의하여 성패가 결정된다고 보아야 한다. 종래의 관리근무자는 자기가 맡은 분야에서 안전수칙 정도만 지키면 안전은 확보되고 문제없는 것으로 인식하여 왔으므로 이것 역시 개선되어야 한다. 안전을 내가 직접 책임진다는 자기 책임의 정신을 가지고 위험을 사전에 인식하고 제거하며 방지하는 적극적인 자세로 역할하지 않으면 안 된다.

안전에 의문이 있으면 직접 관리감독자에게 물어서 확인 후에 다시 실시하는 태도를 가지고 관리활동에 임해야 한다.

제7절 안전관리종사자의 커뮤니케이션 개선

1. 관리조직상 커뮤니케이션의 필요성

건물관리현장에서 커뮤니케이션을 강조하는 첫번째 이유는 관리종사자 부서(반, 계, 과, 실 등) 팀워크를 구축하여 관리업무를 효율적으로 수행하여 완벽한 관리효과를 창출하기 위함이다.

안전관리활동의 경우 전체 건물의 안전성을 확보하여 365일 내내 무재해원칙이 실천되도록 안전관리효과를 창출하기 위해서는 건물관리 전체 관리종사자의 팀워크가 필수적이라 판단된다. 즉, 구성원간에 커뮤니케이션이 잘되면 팀워크가 좋아지고 팀워크가 좋아지면 업무능률이 향상되고 양질의 관리효과가 창출되며, 양질의 관리효과는 건물의 소유자와 사용자를 모두 만족시킬 수 있게 된다. 따라서 커뮤니케이션은 잘 이루어져야 하고, 잘못된 건물안전관리조직 구성원의 커뮤니케이션은 개선되어야 한다.

2. 커뮤니케이션의 정의

커뮤니케이션(communication)이란 사람과 사람 사이에(사람끼리) 음성이나 또는 몸짓으로 생각・사상・감정 등을 전달하는 것을 의미한다.

커뮤니케이션은 전달자의 내심의 의사를 상대방에게 투영하여 가장 빠른 시간 내에 경제적인 방법으로 전달자의 내심의 의사(내심)와 같게 하는 것을 목적으로 하는 전달과 이해의 수단이다.

커뮤니케이션은 사람과 사람 사이를 이해시키고 납득시키며 동조하게 하거나 통일된 행동으로 업무나 일을 추진하게 하는 메리트(merit)도 있으나 반대로 상대방이 오해하거나 곡해 또는 왜곡하는 경우와 오히려 몰이해하여 무관심 또는 무시하는 결과도 만들게 된다(디메리트, demerit). 왜냐하면 커뮤니케이션은 주로 말(대화)로 이루어지기 때문이다(대화의 모순).

3. 커뮤니케이션의 개선방안

전술한 바와 같이 건물관리자조직 내에서 커뮤니케이션이 개선되어야 하는 이유는 훌륭한 팀워크를 이루어 작업이나 안전근무 성과를 능률적으로 처리하는 데 있으므로 상대방에게 목적하는 업무 추진을 위해서 이해시키거나 설득하여 통일된 활동(행동)을 하도록 해야 한다. 따라서 커뮤니케이션은 건물관리조직 구성원 전체가 훌륭한 팀워크가 되게 하고 능률적으로 관리・활동하도록 포커스를 맞추어 개선되어야 한다.

이를 위한 대화의 요령은 다음과 같다.

① 생산적 화법을 사용해야 한다.
② 상대방이 빠른 시간 내에 이해・납득, 통일된 행동을 할 수 있도록 언어를 선택하고 사용해야 한다.
③ 듣는 상대방 입장을 이해하고 고려하여 대화해야 한다.
④ 오해가 될 수 있는 대화는 삼간다.
⑤ 인품을 가지고 대화한다.
⑥ 직장 상사가 부하에게 명령・지시・전달할 때는 부드럽게 전달・지시・명령해야 한다. 명령할 때는 신뢰성을 가지고 진심으로 대화한다.
⑦ 조직구성원간에 의사가 소통되도록 필요한 정보를 충분히 공중 전파한다.
⑧ 일방적인 의사소통은 지양해야 한다.
⑨ 작업(근무)에 필요한 정보는 신속하고 정확하게 전달한다.
⑩ 의사전달에 저항이 없도록 전달방법과 시기 및 장소를 고려하여 전달한다.
⑪ 관리(plan-do-check-action)에 관한 정보전달은 신뢰성 있는 출처도 함께 전달해야 한다.
⑫ 상대방(전달받는 사람)의 인격이 존중되도록 배려하면서 커뮤니케이션해야 한다.
⑬ 커뮤니케이션을 통하여 Y이론에 합당한 작업(근무)이나 활동을 하도록 대화해야 한다.

4. 커뮤니케이션의 원칙

커뮤니케이션이 조직 내에서 성공하려면 조직 구성원에게 다음과 같은 조직과 인간관계의 상관원칙이 지켜져야 한다.

(1) 전달 · 지시 · 명령 단일화 원칙

전달 · 지시 · 명령 계통은 하나로 통일되고 이행되어야 한다는 원칙이다. 즉 한 사람의 상사로부터 명령 · 지시 · 전달을 받아야 한다는 원칙이다.

(2) 완전 위임의 원칙(완전 위양의 원칙)

상대방을 믿고 신뢰하여 업무를 상대방(부하)의 책임하에 완전히 맡기는 원칙을 말한다. 위임받으면 최선을 다하게 된다. 완전 위양의 원칙이라고도 한다.

(3) 책임 · 권한 대응의 원칙(책임한계 대응의 원칙)

책임을 지게 하려면 그에 상당하는 권한을 동시에 부여해야 한다. 책임만 부여하는 경우 조직의 구성원은 업무 성과는 잘 나타나지 않는다. 책임한계 대응의 원칙이라고도 한다.

(4) 정당 과실의 원칙

직원이 실수했으나 실수한 행동에 잘못이 없거나 정당성이 있는 경우 이를 심하게 문책하지 말아야 된다는 원칙이다.

제8절 위험관리 기술성과 전문성의 낙후문제 개선

1. 위험관리 기술성과 전문성의 개념

안전사고를 발생하게 만드는 요소 중 위험은 건물의 내외는 물론 환경주변 어느 곳에도 존재하고 있다. 특히 건물의 내외에는 화재 · 폭발 · 감전사고 등을 일으킬 수 있는 기술적 위험이 항상 상존하고 있다. 뿐만 아니라 건물에는 기술적 위험 외에 경영위험 · 법률위험 · 환경위험 · 보안위험 등이 함께 복합적으로 존재하고 있다.

이와 같이 건물 내외에 존재하는 복합적인 위험을 정확하고 능률적으로 제거 관리하는 솜씨(기술성)와 위험제거 방법에 관한 지속적인 연구와 전문적 지식을 가지고 쉽게 해결하는 능력(전문성)을 위험관리의 기술성과 전문성이라 한다.

2. 위험관리 기술성과 전문성의 낙후배경

건물의 건축·제조 산업 등에는 국가기술자격관련법에 따라 관리기술자격자가 다소 배출되고 있으나 건물관리의 안전에 관한 인재양성기관은 전혀 없다(예외적으로 소방안전교육기관은 국내 몇 개 대학에서 교육하고 있다). 따라서 건물의 안전관리에 관한 기술성과 전문성 향상이나 인재양성은 불모지나 다름없다.

그러나 아주 예외적으로 소방협회가 주관하고 있는 방화관리자, 위험물취급자를 위한 단 3일간의 소양교육과 가스안전공사가 주관하는 고압가스취급자 교육 및 승강기 안전원이 실시하고 있는 승강기 관리자교육이 전부인 형편이다.

이상의 단기간 교육도 건물기술관리위험에 국한되어 있어 경영·법률·환경·보안·위험관리에는 전혀 접근조차 하지 못하고 있다.

그러므로 건물관리 단위현장마다 교육능력에 따라 안전교육(기술위험관리 교육)을 비정기적으로 제각각 실시하거나 아예 실시하지 못하는 곳도 허다한 실정이다. 2002년도까지 어느 대학, 어느 학원에도 건물위험관리를 전문적이고 체계적이며 종합적으로 교육하는 기관은 전무하였다.

이와 같은 연유로 건물관리현장에는 끊임없이 크고 작은 안전사고가 발생되고 있다. 다시 말하면 건물의 위험관리를 담당할 기술성과 전문성을 가진 인재양성이 체계적으로 이루어지지 아니하고 있어 전반적으로 위험관리 기술성과 전문성이 낙후되어 있는 실정이다.

그러므로 건물관리현장의 위험관리가 종합적으로 해결되지 못하고 있다.

3. 위험관리 기술성과 전문성의 낙후문제 개선방안

방화관리를 위한 소방안전을 국내 몇 개 전문대학에서 교육하고 있는 것과 산업인력관리공단에서 실시하고 있는 안전관련 국가기술자격시험(주로 건설·산업·환경 등의 분야) 그리고 소방, 위험물 취급, 고압안전관리 등을 위한 해당 협회의 초급 안전교육만으로는 건물안전이 보장되거나 안전의 문제가 해결될 수 없다.

건물의 안전을 높이고 이용자의 편의와 안전성을 확보하려면 무엇보다 건물위험관리의 기술성과 전문성을 높이고 유능한 위험관리자를 전문교육기관을 통하여 대거 양성해야 한다.

다행히 2003년도부터 국내 몇 개 대학원과 대학에서 건물관리과, 빌딩경영과정을 설치하고 건물위험관리론과 건물안전 실무교과서를 개발 채택하고 교육을 체계적으로 실시하고 있어 불원장래에 건물종합위험관리자가 배출될 전망이다.

이와 같이 국내대학에서 건물관리학과 또는 유사학과를 두고 유능한 안전관리자가 대거 배출되도록 정부의 지원과 학계의 노력이 필요하다.

결론적으로 건물의 위험을 체계적이고 종합적으로 관리함에 있어서 결정적으로 저해요인인 위험관리 기술성과 전문성의 낙후문제를 개선하기 위해서는 국내 유수대학에 건물자산관리학과를 두고 건물안전교육을 통하여 유능한 위험관리자를 배출함으로써 건물위험관리의 기술성과 전문성 낙후문제를 개선해야 할 것이다.

또한 건물자산을 관리하는 PM회사와 FM회사에서 위험관리 교재를 개발하여 자체 위험관리 교육을 정기적으로 실시해야 한다.

제9절 안전관리예산의 부족문제 개선

1. 안전관리예산의 개념

안전관리예산이란 단위관리현장의 안전을 확보하기 위하여 소요되는 안전관리자 인건비, 안전관리교육비, 안전관리시설비, 안전관리활동비 등의 총합비용을 말한다.

건설공사현장에도 안전관리비의 명목의 예산이 있으며 건물관리현장에도 안전관리예산이 소요된다.

왜냐하면 예산없는 안전관리활동은 성립되지 않기 때문이다.

그러나, 일반적으로 관리예산을 작성할 때 안전비에 대한 항목조차 없는 경우가 있는가 하면 있는 경우에도 지극히 형식적인 안전관리자 인건비 정도가 반영되고 있다.

따라서 현장별로 예외의 경우도 있으나, 일반적으로 안전예산이 없거나 있는 경우에도 크게 부족한 상태에서 안전관리활동을 진행하고 있다.

2. 안전관리예산의 부족문제 개선방안

안전을 높이고 안전성을 확보하는 것은 건물자산관리현장에서 경제성을 확보하고 수익성을 극대화하는 문제보다 더 중요하다.

따라서 안전성 확보를 위하여 관리예산서에 안전관리비가 정식예산항목으로 반영되고 예산이 확보되어야 한다.

특히 안전을 위하여 필요한 시설비를 건물관리경영형편이 허용되는 범위내에서 과감히 지원되어야 한다.

또한, 안전관리자의 인건비 외에 위험수당과 안전관리관련 보험료까지 지원되어야 한다.

다시 말하면 안전관리의 예산이 없는 건물안전은 공염불에 불과하다. 안전관리예산은 과감히 지원되어야 한다.

제4장 건물자산위험관리활동

제1절 건물자산위험관리활동의 개념
제2절 안전관리계획 수립
제3절 위험관리교육
제4절 무재해운동

제1절 건물자산위험관리활동의 개념

건물자산위험관리활동이란 건물을 관리함에 있어서 관리대상 건물자산의 안전성 확보를 위하여 잠재위험을 사전에 관찰·점검·확인·진단하여 위험을 사전에 발견하고 제거하거나 통제하여 인적·물적 피해를 방지하는 활동을 말한다. 위험관리활동에는 여러 가지 활동과 방법이 있을 수 있으나, 이 책에서는 건물자산관리 현장에서 직접안전성 확보에 직접 도움이 되는 활동만을 수록하고 설명하여 건물자산안전관리에 일조하고자 한다. 건물위험관리활동으로서 중요한 활동은 대체로 다음과 같다.

① 안전관리계획 수립 및 실천활동
② 위험관리교육
③ 무재해운동

위험관리에 있어서 이상과 같은 중요한 안전관리활동에 대하여 다음 절에서 구체적으로 설명키로 한다.

제2절 안전관리계획 수립

1. 안전관리계획의 의의

안전관리계획이란 건물관리 과정에서 나타날 수 있는 위험에 관하여 위험발생 요인을 사전에 통제 또는 제거함으로써 안전사고 발생을 근원적으로 억제하기 위한 인적·물적 설비, 안전관리 조직, 안전편제기능과 안전담당자의 역할 및 절차 등에 대한 체계를 의미한다.

다시 말하면 잠재위험의 발생을 억제하거나 건물관리자가 지양해야 할 안전목표 달성을 위하여 안전기준을 정하고 안전목표와 절차를 수립하는 것을 총칭하여 건물안전관리계획이라 한다. 안전관리계획은 관리대상건물의 경영목표와 부합해야 하며, 실시 가능하고 구체적으로 작성되어야 하며, 안전관리예산의 뒷받침을 받는 계획이어야 한다.

2. 안전관리계획 수립의 필요성

건물안전사고는 예고없이 언제나 일어날 수 있으며, 건물의 시설과 설비가 있는 곳에는 어느 곳이나 위험이 잠재되어 있다. 이러한 잠재위험은 돌발적으로 나타나 인적・물적 손실을 초래한다. 그러므로 이러한 인적・물적 손실의 방지를 위하여 적극적으로 위험요소를 사전에 발견하고 제거하여 안전사고 발생을 근원적으로 억제함으로써 관리효과 달성을 이룩할 수 있어야 한다. 이때 건물안전에 관한 체계적인 안전관리활동이 요구되는데 이를 위한 안전활동의 지침이나 기준 등을 정하는 안전관리계획이 필요하다. 뿐만 아니라 건물관리에 있어서 안전성 확보는 소극적이고 수동적인 방어방법만으로는 매우 어려운 것이므로 모든 건물안전을 위협하는 각종 위험발생 요인을 적극적이고 능동적인 방법으로 찾아내어 이를 사전에 차단하는 안전관리활동이 무엇보다 필요하다. 이러한 적극적이고 능동적인 안전관리활동을 위하여 반드시 요구되는 것이 안전관리계획서이다. 또한 안전관리계획은 건물의 안전관리에 직접적인 토대가 된다. 따라서 규모있는 건물의 안전관리를 위해서는 안전관리계획 수립은 절대적으로 필요하다.

3. 안전관리계획의 종류와 내용

건물안전관리계획은 기본계획과 세부계획으로 분류되며, 기본계획은 다시 장기계획과 단기계획으로 나누어진다.

(1) 기본계획

건물관리현장 전체의 종합계획으로서 안전관리의 목표나 안전에 관한 중점 실시사항 등을 포함해야 하며, 세부계획의 구심점 및 지침이 된다. 기간적으로 장기계획과 단기계획으로 나누어진다.

1) 장기계획

1년 또는 수년 동안에 걸쳐 단계적으로 실시할 것을 목적으로 세운 계획을 의미한다.

2) 단기계획

긴급한 상황이나 당장 실시해야 할 특정사항에 대한 계획이다.

(2) 세부계획

세부계획이란 당해 관리대상 건물에 대한 기술위험 · 경영위험 · 법률위험 · 환경위험 · 보안위험 등 각 부분별로 실천하는 계획으로, 기본계획의 안전목표나 제시된 안전과제에 대한 각 부분의 구체적 실행방법을 표시하므로 곧바로 건물관리현장에서 적용 가능한 계획을 말한다. 또한 세부계획은 관리소장이 작성한 기본계획에 따라 기본계획을 실천하기 위하여 관리감독자에 의하여 작성, 교육된다.

4. 안전관리계획 수립의 필요조건

안전관리계획 수립에 있어서 반드시 갖추어야 할 필요조건에는 다음과 같은 조건들이 포함되어야 한다.

① 건물소유주체의 건물경영방침과 안전관리방침이 사전에 명확히 확정되어야 한다.
② 건물의 모든 위험요소(설비나 시설 등 기술적 위험요인, 법률 · 환경 · 보안 위험요인, 경영 위험요인)에 대하여 정확한 파악과 조사가 선행되어야 한다.
③ 안전을 저해하는 요인을 정확하게 파악해야 한다.
④ 안전관리활동의 방향을 적극적이고 능동적이며 공격적인 방법으로 수행할 수 있도록 관리계획이 수립되어야 한다.
⑤ 경제적이며 실천이 가능하고 쉬운 방법으로 계획이 수립되어야 한다.
⑥ 안전관리계획은 실천하기 힘든 무리한 계획이나 예산을 초과하는 추진내용을 포함해서는 안된다.
⑦ 이해가 가능한 것이어야 한다.
⑧ 안전관리계획은 구체적으로 작성되어야 한다.
⑨ 다른 영역의 관리계획과 균형이 맞아야 한다.
⑩ 장기적으로 일관성이 있어야 한다.
⑪ 안전계획은 관리예산과 일치해야 한다.
⑫ 안전목표와 대책이 함께 포함되어야 한다.
⑬ 안전관리계획은 건물관리자, 관리감독자, 근무자의 근무와 가능한 한 병행되어야 하고 상치되어서는 안 된다.
⑭ 과거 안전실적에 만족하여 소극적으로 현재 상태에 만족하거나 안주하는 안일한 태도는 지양해야 한다.

5. 안전관리계획의 기본방향

안전관리계획의 기본방향은 건물경영자에 의하여 작성되는 건물경영방침과 안전관리방침에 따라야 한다. 즉 경영자에 의하여 설정된 건물안전방침에 의하여 정하여진 안전기준에 의한 안전유지방향, 특정안전문제 해결방향, 현재의 기준 재설정 방향 등으로 기본방향이 정해져야 한다. 또한 안전관리계획은 가장 경제적인 방법으로 안전하게 그리고 효율적으로 실천되도록 기본방향이 정해져야 한다.

6. 안전관리계획의 구비요건

안전관리계획의 구비요건은 다음과 같다.

① 기본방침
② 안전목표
③ 안전대책
④ 안전평가

7. 안전관리계획의 주요 내용

안전관리계획의 주요 내용은 다음과 같다.

① 안전목표와 중점실시 사항 및 세부실시 사항과 안전대책
② 실시부서와 담당자
③ 실시시기
④ 실시할 때 유의사항과 주의사항
⑤ 실시결과 보고와 평가방법과 절차

8. 안전관리계획의 작성절차

안전관리계획의 작성절차는 대체로 다음과 같다.

(1) 1단계(준비단계)

중점 안전관리대상 조사 및 자료조사를 한다.

(2) 2단계(자료분석단계)

안전관리대상과 자료를 분석하고 문제점을 파악한다.

(3) 3단계(기본방침과 목표설정 대책 수립단계)

안전에 관한 기본방침과 목표 및 중점실시 사항과 세부실시 사항 등 대책을 수립한다.

(4) 4단계(종합평가단계)

안전관리계획안을 종합적으로 자체 평가하고 심의하며 수정・보완한다.

(5) 5단계(최종결정단계)

건물경영자가 안전관리계획안을 최종 결정・발표한다.

9. 안전관리계획의 실시와 평가

안전관리계획은 절대로 계획 자체로 끝나서는 안되며 효율적이고 적극적으로 실천이 수반되어야 한다. 이와 같은 실행, 즉 안전관리활동 등을 통하여 건물의 안전성이 확보될 수 있다. 안전관리를 위해서는 계획의 발표와 계속적인 사후관리를 통하여 지도・감독・통제 등이 뒤따라줘야 한다.

안전관리활동의 결과에 대해서는 방치하거나 그냥 넘겨서는 안되며, 반드시 수립된 계획의 실시 후 그 결과를 객관적으로 평가하여 다음 계획을 작성할 때보다 효율적이고 실용적인 안전관리를 위하여 반드시 반영해야 한다.

안전관리활동의 평가는 근무자의 처벌을 위하여 실시되어서는 안되며, 계획의 적합성 여부, 미비점, 실행의 문제점 등을 확인하여 반성과 개선의 자료로 활용되어야 한다.

제3절 위험관리교육

1. 위험관리교육의 목적

건물의 안전성을 확보하려면 관리조직 구성원 전체가 건물에 잠재된 위험은 무엇이고, 미래 발생 가능한 각 관리항목별 미래 위험이 무엇인가에 대하여 사전에 알고 있거나 예측해야 하며, 이를 사전에 제거하고 예방하는 관리기술 역시 이해하고 실천할 준비가 되어 있어야 한다.

이와 같이 안전관리교육의 목적은 전체 구성원이 위험을 이해하고 위험제거 방지방법이나 방지기술을 알고 방지기술을 실천할 수 있도록 하여 건물의 안전성을 경제적이고 효율적으로 확보하는 데 있다. 다시 말하면 건물안전성 확보를 위한 위험의 개념(事實知)과 그 위험을 어떻게 제거·방지할 것인가에 대한 방법이나 절차(方法知) 및 위험제거 방지에 관한 행동요령(行動知)에 대하여 안전관리교육을 통하여 연구하고 이해하여 건물의 안전성을 높이고 확보하는 데 기여하게 하는 것이 안전관리교육의 첫번째 목적이다.

안전관리교육의 또 하나의 목적은 건물의 위험관리를 성공적으로 실시하여 건물의 안전성을 충분히 확보하려면 위험관리에 관한 기술성과 전문성의 개발과 위험관리 전문종사자의 인재양성이라는 두 가지 목표를 한꺼번에 달성하는 데 있다.

오늘날 우리나라 건물관리현장에서 안전관리활동을 끊임없이 실시하고 있음에도 불구하고 안전사고가 계속 발생되는 이유는 개선되어야 할 여러 가지 관리현장의 안전 저해요인(문제점)에 기인하는 바, 그 중에서도 건물위험관리에 관한 기술성과 전문성이 낙후되어 있고 건물위험관리를 전문적으로 담당할 인재가 부족하며, 또한 체계적으로 양성되지 않고 있기 때문이다. 그러므로 건물위험관리 교육이 필요하고 체계적인 연구를 통하여 위험관리의 기술성과 전문성을 제고시키고, 나아가 유능한 위험전문관리자를 제도적으로 양성·배출하여 건물관리현장에 접목해야 한다.

2. 위험관리교육의 내용

건물의 안전성 확보를 위하여 전술한 바와 같이 위험관리에 관한 기술성과 전문성을 높이고 유능한 전문위험관리자를 양성하기 위해서는 위험관리교육 커리큘럼을 확정하고 이에 기초하여 위험관리교육을 정기적으로 실시해야 한다.

위험관리교육이 건물안전에 관한 것이므로 다음의 건물위험들에 대하여 위험의 개념(事實知)과 위험방지・제거방법(方法知)과 위험방지・제거 행동절차 요령 등에 대하여(行動知) 교육해야 한다.

다시 말하면 위험관리교육의 대상은 다음과 같다.

① 위험의 일반개념교육
② 안전수칙교육
③ 위험시설물교육
④ 방재관리교육
⑤ 방화관리교육
⑥ 보안관리교육
⑦ 방범관리교육
⑧ 방재관리조직과 비상연락망 운영절차교육

이상에서 언급한 안전관리(위험관리)교육 대상에 대하여 구체적으로 다음 장에서 설명하고자 한다. 관리대상 건물 위에 존재하는 여러 가지 위험에 관하여 위험의 개념과 위험의 생성배경과 사고의 원인 및 사고발생시 피해의 정도와 심각성 등에 관하여 위험 그 자체의 개념을 이해하도록 교육되어야 한다.

즉, 무엇(what)을 교육할 것인가에 대한 해답은 위험교육 대상에 대한 사실지(事實知)와 어떤 절차의 방법으로 위험을 제거・방지하며(方法知) 그 제거방법과 방지를 어떻게 행동하는지(行動知)에 대하여 교육해야 한다.

따라서 이하 절에서 건물위험관리에 기초가 되는 내용들을 설명하기로 한다.

물론 건물위험관리 기초개념에 대한 개념지식(事實知)과 방법에 관한 지식(方法知) 및 어떻게 안전활동을 행동・실천하는가에 대한 지식(行動知)에 관하여 순차적으로 설명하기로 한다. 설명되는 내용 중 어떤 내용은 개념만을 설명하고, 어떤 내용은 개념과 관리방법 및 활동요령 등을 함께 설명하여 이해하기 쉽게 하도록 기술하였음을 참고하기 바란다.

(1) 위험의 일반개념

위험의 일반개념 연구는 위험의 사실지(事實知)에 대한 학습이다.

1) 위험의 정의

위험(risk)이란 불확실성으로 인하여 장래 발생할 수 있는 결과에 대한 변화 가능성을 의미한다. 즉, 사고의 원인이 되는 사고 요소를 의미하며, 위험에는 잠재위험과 미래위험(생성위험)이 있다.

2) 잠재위험

건물의 잠재위험이란 건물 위에 현재 존재하고 있으나 겉으로 드러나지 않으면서 건물 속에 숨어 있는 위험을 말한다.

이와 같은 잠재위험은 시간, 온도, 습도, 상황, 인적 결함·물적 결함, 기타 사용상의 무리, 취급부주의 등과 결합하면, 즉 한계성이 극복되면 사고로 나타나게 된다.

잠재위험의 종류에는 기술적 잠재위험, 경영적 잠재위험, 법률적 잠재위험, 환경적 잠재위험 그리고 보안상의 잠재위험 등이 있다. 이를 기술하면 다음과 같다.

가) 기술적 잠재위험

① 불완전 연소상태
② 과부하상태
③ 급격한 마모진행
④ 수부족상태(물부족상태)
⑤ 과열상태
⑥ 누수 진행상태
⑦ 이상음 발생상태
⑧ 이상증세 계속상태
⑨ 오버 로드(over load)상태
⑩ 부품 부적합상태
⑪ 연료·재료 부적합상태
⑫ 공구 부적합상태
⑬ 고정 불량상태
⑭ 안전조치 부적합상태
⑮ 작업환경 부적절상태
⑯ 불안전 상태(물적 결함)
⑰ 인적결함(불안전 행동) 존재상태
⑱ 불량 공·도구의 방치상태
⑲ 안전수칙 무시상태

⑳ 과하중 상태
㉑ 이상 진동 · 냄새 발생상태
㉒ 발화원 부근 위험물(인화물질) 적재상태
㉓ 무리한 증개축상태
㉔ 부적합 자재 사용상태
㉕ 복잡한 전기선 방치상태
㉖ 기타 기술적 위험요인 존재상태 등

나) 경영적 잠재위험

① 무리한 차입과 부채 상승상태
② 휴일 현금 사무실 보관상태
③ 경영회계 시스템 안전도 결여상태
④ 경영관리기준 무시상태
⑤ 견제장치 미흡상태
⑥ 인적 결함자 증가상태
⑦ 전문성 결여자 근무상태
⑧ 경제환경 악화상태
⑨ 경제내용연수 한계성 도달상태
⑩ 조직 내 불건전 사적 조직 형성상태
⑪ 부적절한 수입창출 현상상태
⑫ 신원 재정보증 하자상태
⑬ 관리종사자 가정(개인 사정 포함) 환경 악화상태
⑭ 기타 경영적 위험요인 상존상태 등

다) 법률적 잠재위험

① 입주자 신용조사 적격판단의 부정확상태
② 담당근무자 전문성 결여상태
③ 적당한 업무처리(자기상식에 맞게 업무처리) 풍토상태
④ 입주자 불만 · 불평 고조진행 또는 소송 발전 상황의 존재상태
⑤ 계약 사후관리 미흡상태
⑥ 권리확인 및 관리 미흡상태
⑦ 기타 법률적 위험요인 상존상태 등

라) 환경적 잠재위험

① 소독안전기준 무시 작업상태
② 소독 등 약재 방치상태
③ 수조(저수조, 고가수조 등) 보안관리 방치상태
④ 병충해 구서 미온적 대처상태
⑤ 불량환경 방치상태
⑥ 기타 환경적 위험요인 상존상태 등

마) 보안상 잠재위험

① 열쇠관리 미흡상태
② 경비보안근무자 기강해이상태
③ 무자격자 근무상태
④ 경비근무자 부족상태
⑤ 신원미상자 채용상태
⑥ 순찰근무 미흡상태
⑦ 보안교육 부실 또는 부재상태
⑧ 기타 보안위험요인 상존상태 등

2) 미래위험(생성위험)

미래위험(생성위험)이란 관리대상 건물에 현재는 위험이 없으나 장래에 생성될 위험, 즉 미래에 생성될 위험을 의미한다.

건물의 위험관리는 현재 잠재된 위험뿐 아니라 장래에 생길 수 있는 미래위험도 함께 관리되어야 비로소 안전사고를 예방할 수 있다. 미래위험은 기계 등 물적 설비나 인적 설비가 현재는 정상적으로 유지되고 있으나 감독 또는 유지관리가 잘못되어 상황이나 사정이 악화되면 위험으로 발전하게 되는 위험이므로 언제나 관찰과 점검 및 확인이 요구된다.

미래위험은 잠재위험보다는 현실적으로 위험하지 않으나 미래위험 역시 대형 위험이 생성될 수 있으므로 언제나 경계해야 한다.

미래위험에는 기술적 미래위험, 경영적 미래위험, 법률적 미래위험, 환경적 미래위험, 보안상의 미래위험 등이 있다.

3) 위험의 피해내용(재해내용)

위험이 사고로 나타나면 피해가 발생하게 되는데 이를 재해라 한다. 즉, '재해란 사고 + 피해 = 재해'이기 때문이다. 안전사고의 피해는 주로 사람과 물건(재산)에 나타난다.

따라서 위험사고가 발생되는 경우 나타나는 인적·물적 피해는 대체로 다음과 같다.

가) 인적 피해

① 사망
② 상해
③ 부상
④ 질병의 감염
⑤ 형사처벌(징역)

나) 물적 피해

① 재산 멸실(전부 멸실)
② 재산 감손(일부 멸실)
③ 피해배상
④ 벌과금(형사벌금 및 행정과태료)

4) 위험의 특성

위험은 다음과 같은 특성이 있다.

① 위험은 어느 곳, 어느 장소, 어느 일 등에 잠재되어 있으며(잠재위험) 그리고 계속해서 생성(미래위험, 생성위험)되거나 소멸되기도 한다(소멸위험).
② 위험은 사고의 원인이 되나 사고가 되려면 결함(인적 결함과 물적 결함)과 결합되어야 하고 일정 한계를 넘거나 일정 시간이 도래할 때 비로소 사고로 나타난다.
③ 위험으로 생성되기 위해서는 전 단계에 위험환경(위험원인)이 있고, 위험요소가 있으며 위험환경이 존재하고 있다. 즉, 위험환경이 형성되면 위험요소가 생기고 여러 개의 위험요소가 모여 하나의 위험으로 잠복하게 되거나(잠재위험) 노출하게 된다(노출위험).
④ 안전은 사고의 원인이 된 위험을 제거 또는 방지한 결과의 부산물에 지나지 않는다. 따라서 안전관리는 안전을 강조하기 전에 안전 저해요인의 원인인 위험을 근원적으로 해결하는 것이 근본적 안전관리의 방법이 된다.
⑤ 어떤 종류의 위험이라도 완전제거 또는 방지는 불가능하다. 왜냐하면 불확실성이 언제, 어디에나 존재하기 때문이다. 따라서 위험관리는 사고의 원인이 되는 위험을 최소화하는데 지나지 않는다.
⑥ 사고 전의 위험은 오감으로 느낄 수 있으나 만지거나 식별이 불가능하다. 따라

서 위험예지 훈련을 통하여 확실하게 느껴야 하고 사고로 연결되지 않도록 인적 결함(불안전한 생각과 행동)과 물적 결함(도구 불량, 원료 불량, 작업방법 불량, 작업환경 불량)의 결합을 끊어놓도록 노력해야 한다.

5) 위험과 사고와의 관계

가) 사고의 의의

사고(事故)란 영어로 accident로 표현되는 것으로 위험요소의 결합으로 인하여 인적·물적 손실을 초래하는 것을 원치않는 상황(undesired event)이나 뜻밖에 일어난 탈을 말한다.

그러나 사고란 사건 개념과 상의하다. 사건은 행위자가 고의를 가지고 상대방에게 피해를 가져오는 행위를 의미하나 사고는 행위자가 고의없이 위험요소와 인적·물적 결함으로 인하여 우연히 손실이 발생되는 현상을 의미한다.

또한 사고와 재해의 개념을 보면 거의 동의어로 사용되나, 다만 재해는 사고의 결과로 나타나는 손실까지 포함하는 개념으로 이해되고 있다. 즉, 재해란 사고와 사고결과 피해를 결합한 개념이다. 그러나 사고관리와 재해관리는 대체로 같은 의미로 사용된다.

나) 사고의 본질

사고(accident)는 다음과 같은 본질적 성질이 있다.

① 위험잠재성

사고 앞에는 항상 위험이 잠재되어 있다.

② 결합성

사고는 결함(인적·물적)과 결합되고 위험 잠재성이 한계점에 도달하거나 어느 시점에 위험한 행동, 불안전한 행동과 결합되면 비로소 사고가 발생된다.

③ 사고발생의 시간성

사고는 공간적보다 시간성에 본질이 있다. 그러나 아무도 사고의 시간대를 알 수는 없다. 그러나 건물관리 현장의 경우 일요일, 퇴근시간 전후, 출근시간 전, 야간에 주로 안전사고가 발생한다. 따라서 사고의 발생시간대는 직무의 경험상 어느 정도 예지할 수 있다.

④ 우연성

사고자의 의도된 행동에 의하여 나타난 것이 아니고 행위자의 의지에 반하여 발생되므로 우연성의 성질이 있다. 즉, 사고는 불확실성으로 인하여 우연히 발생되고 있다.

⑤ 재현 불가능성

한번 발생된 사고는 똑같은 내용으로 두 번 다시 재현할 수 없는 성질이 있다.

⑥ 법칙성

기술적 사고는 하나의 법칙이 지배한다. 즉 폭발사고는 공기 중에 가스・분진 등이 일정 비율로 분포되고 밀폐의 조건과 점화원이 결부될 때, 즉 폭발의 법칙이 적용될 때 비로소 폭발사고를 일으키게 된다. 그러나 공기 중에 50% 이상의 습도가 있는 경우에는 법칙성으로 인해 폭발되지 않는다. 따라서 법칙성이 작용한다.

다) 사고 발생형태

사고는 다음과 같이 단순형사고, 연쇄형사고, 복합형사고 형태로 발생된다.

① 단순형 사고형태

단순히 하나의 위험원인이나 행동에 의하여 나타나는 사고형태이다. 담뱃불에 의한 화재사고, 추락, 충돌, 비래 등이 이 범주에 해당되는 단순 사고형태이다.

② 연쇄형 사고형태

연쇄형 사고는 하나의 사고원인이 기초가 되어 다른 위험요인에 영향을 미치거나 자극하여 연쇄적으로 사고를 발생시키는 사고형태이다.

예컨대 사망사고의 예를 들면 다음과 같다.

밀폐공간으로 인하여 산소가 부족하여 난방기의 연료가 불완전 연소되고, 불완전연소는 이산화탄소를 배출케 하여 그 방에 잠자던 사람(재실자)이 질식되고, 병원에 응급조치하려 하였으나 불행스럽게도 구급차의 고장으로 응급처치가 늦어져 결국은 살 수 있었으나 사망에 이르게 된 사망사고가 바로 연쇄성 사고형태의 사례이다.

③ 복합형 사고형태

복합형 사고형태는 많은 위험요소가 서로 작용하여 발생된 사고를 의미한다.

라) 위험과 사고와의 관계

위험과 사고는 불가결의 관계를 가지고 있다. 사고는 위험이 없으면 나타나지 않기 때문이다. 위험은 사고의 원인이며 위험은 재해의 최초 원인이 된다. 따라서 안전관리는 사고관리이며 사고관리는 재해관리이고 재해관리는 위험관리이다. 따라서 건물의 안전관리를 근원적으로 해결하려면 위험관리를 먼저해야 한다. 왜냐하면 위험과 사고는 불가분의 관계를 가지고 있기 때문이다.

6) 건물위험의 종류와 내용

위험관리교육에 포함되어야 할 건물위험의 종류와 내용은 다음과 같다.

가) 기술위험

① 건축시설위험
② 건축설비위험
③ 위험물위험
④ 작업위험
⑤ 건물하자위험

나) 경영위험

① 경영손실위험
② 피해보상위험
③ 금전사고위험
④ 관리비적자위험
⑤ 관리예산누수위험
⑥ 자산가치하락위험
⑦ 건물경영환경변화위험
⑧ 부정회계위험
⑨ 인사부정사고위험

다) 법률위험

① 권리하자위험
② 소유권상실위험

③ 계약사고위험
④ 관계법령사고위험
⑤ 공적서비스위험

라) 환경위험

① 수질오염위험
② 실내공기오염위험
③ 생활환경오염위험
④ 소독약재중독위험
⑤ 공중보건(질병감염)위험
⑥ 자연재해위험(지진 · 태풍 · 폭우 위험 등)
⑦ 조경시설물고사위험

마) 보안위험

① 건물 내 살인위험
② 건물 내 강도위험
③ 건물 내 절도위험
④ 무단침입위험
⑤ 불법점거 및 기물파손위험
⑥ 건물 내 불법파업위험
⑦ 고의적 건물폭파위험
⑧ 고의적 방화위험
⑨ 고의적 수돗물 저수조 독극물 투여위험
⑩ 기타 건물질서파괴위험 등

7) 재해조사

재해가 발생되면 재해발생 원인, 피해내용, 보고 등을 해야 하는데 이와 같은 재해에 대하여 교육되어야 한다.

가) 재해의 개념

건물은 기술과 노동과 자본의 결합에 의하여 탄생되었으나 그 구성을 건축대지, 건축물(건축시설), 그리고 건축설비 등으로 구성되어 있다. 또한 건물의 특성인 타율성에 따라 이를 유지관리하는 건물관리자가 필요할 뿐만 아니라 건물이 어떤 용도이든 사용자들이 존재하므로 결국은 시설설비 등의 물건과 사람이 함께 만나는 장소이고 건물과 사람의 관계로 귀결된다.

건물(시설과 설비)은 그 자체에 잠재된 위험이 존재할 뿐 아니라 관리대상의 각 부분인 기술적 관리대상 외에 환경적·법률적·경영적 관리대상 역시 잠재위험이 존재하므로 건물은 언제나 위험이 존재하는 장소임이 분명하다. 그러므로 건물 내·외부에서 관리활동 중 발생될 수 있는 안전의 문제는 결국 안전사고와 재해로 귀결되고, 이로 인한 피해는 인적·물적 손실로 나타난다.

특히 건물의 재해의 의미는 외부의 에너지가 관리자의 신체에 접촉 또는 작용하여 관리자의 생명기능, 노동기능 등을 감퇴시키는 현상이라 할 수 있다. 다시 말하면 물적 손실과 함께 인적 손실을 의미한다. 즉 추락·전도·충돌·비래·붕괴(도괴)·협착, 감전·폭발(파열)·화재, 무리한 동작사고, 이상온도(고온·저온) 접촉, 유해물 중독 등의 상해나 사고 등을 의미한다.

건물의 관리가 위험한 것은 건물에 정착된 전기설비, 기계설비 등에 잠재위험과 위험시설물이 존재하고 있기 때문이다. 이들 시설물이 전기나 가스, 휘발성 물질을 원료로 사용하여 건물의 각 기능을 나타내도록 설계되어 있으며, 이를 관리하는 사람과의 관계에서 건물설비와 에너지, 그리고 관리자와의 관계가 형성되어 다음과 같은 안전사고가 발생된다. 건물관리 중에 나타나는 위험사고를 정리하면 다음과 같다.

① 건물에 사용하는 에너지의 확산에 의한 건물구조물이나 시설설비 등의 붕괴·도괴·폭발·낙반 등의 안전사고
② 관리자의 인체가 하나의 에너지 자체로 타 에너지나 물체와 충돌하는 경우에 나타나는 충돌, 추락사고
③ 에너지가 위험·활동구역 내에 침입하여 나타나는 감전·화상 등 전기사고
④ 건물 내의 유해·유독물에 따른 열악한 작업환경 등에 의한 산소결핍증, 질식, 중독 등의 사고
⑤ 잘못된 경영관리활동과 경제환경의 약화 등으로 나타나는 경영위험사고
⑥ 법률관리 소홀로 나타나는 법률위험사고
⑦ 경비·보안 활동 소홀로 나타나는 보안위험사고
⑧ 자연재해로 나타나는 자연재해사고

이 절에서는 건물안전관리 여러 가지 대상 중 기술관리영역에 나타나는 위험을 중심으로 설명하고자 한다.

나) 건물재해의 발생요인

건물관리 과정에서 나타나는 건물의 재해와 사고는 인적 요인에 의한 불안전한 행동에 의한 것과, 물적 요인인 설비의 불안전한 환경상태에 의한 것, 그리고 인적 요인과

물적 요인의 결합에 의하여 나타나는 것이 있다.

특히 인적 요인이나 물적 요인 각각에 의하여 나타나는 재해나 사고보다는 인적·물적 요인의 결합에 의하여 나타나는 재해나 사고가 대부분을 차지하고 있다.

① 인적 요인

- 불안전한 행동
- 불안전한 정신
- 근무자의 무지, 부주의, 무경험, 교육부족 등

② 물적 요인

- 구조적 불안전
- 환경적 불안전
- 에너지와 인체의 격리부족(복장·보호구 등 결함)
- 기능적 불안전 등

다) 건물재해 및 사고의 발생형태

건물에서 발생되는 재해나 안전사고의 발생형태는 다음과 같이 나타난다.

① 집중형태

각 요소가 독립적으로 작용하여 발생한다.

② 연쇄형태

어느 한 요소로 인하여 다른 요소가 발생하고, 발생된 요소가 또 다른 요소를 발생시켜 결국은 재해나 사고를 일으키는 형태이다.

③ 복합형태

집중형태와 연쇄형태가 혼합된 형태이다.

라) 재해발생에 관한 학설

재해발생에 관하여 다음과 같은 학설이 있다.

① 하인리히 도미노 이론(재해발생 과정 5단계)

재해발생 과정은 5단계로 다음과 같이 진행된다.

- 1단계 : 사회환경과 유전적 요소(간접원인)
- 2단계 : 개인의 성격결함(간접원인)
- 3단계 : 불안전한 행동과 불안전 상태(기초적 직접원인)
- 4단계 : 사고발생
- 5단계 : 재해발생

② 버드 이론

제어부족(관리부족), 기본원인(기원론), 직접원인(징후), 재해(접촉), 상해(손실)로 나타난다.

마) 재해원인 조사

① 재해조사의 필요성

건물의 안전관리에 있어서 같은 성질의 재해나 유사한 재해발생을 예방하기 위하여 건물의 물리적 상태와 관리근무자의 정신상태 및 불안전한 행동 등을 찾아내어 그 대책을 마련하기 위해서 재해조사가 필요하다.

② 재해조사 방법

재해의 모든 상황과 요인 등을 찾아내는 일반조사와 사고부분의 결함을 기술적으로 파악하는 기술조사 등이 있다. 재해조사는 다음 사항에 준하여 조사해야 한다.

- 재해발생 직후에 곧바로 조사를 실시한다.
- 물적 증거를 수집하고 재해현장 사진촬영 등을 통하여 보존하고 기록한다.
- 목격자, 관리담당자, 현장책임자 등으로부터 상황을 청취한다.
- 재해 피해자로부터 상황설명을 듣는다.
- 재해조사시 재해현장에서는 보호구를 착용해야 한다.
- 판단하기 곤란하거나 대형 재해, 특수재해, 중대재해 등은 전문가에게 조사를 의뢰해야 한다.

③ 재해조사시 유의사항

- 사실수집, 증거확보 후 발생이유나 상황을 듣는다.
- 2명 이상이 객관적이고, 공정하게 조사한다.
- 피해자의 응급처치를 최우선으로 한다.
- 2차 재해대책 수립 필요시 보호구를 착용한다.
- 책임추궁보다 재발방지에 주력한다.
- 조사는 신속히 한다.
- 인적·물적 요인 모두 조사한다.
- 주관적 추측은 참고로만 활용한다.

④ 재해조사의 보고

재해가 발생하면 관리주체는 법적 의무와 자체 보고를 통하여 필요한 보고를 해야 한다. 법적 의무보고는 재해로 인하여 1명 이상이 사망하거나 3개월 이상의 요양을 요하는 부상자가 2인 이상 발생한 경우, 동종의 부상·질병자가 10인 이상 발생한 경우에는 산업안전보건법상 조사표 양식에 의거하여 내용을 조사·작성하여 즉시 노동부 지방사무소에 서면으로 보고해야 한다.

기타 경미한 재해나 요양을 위하여 휴가가 불필요한 경우 건물소유주체에게 재해 발생에 대하여 자체 보고한다.

8) 위험관리방법

위험관리방법으로는 다음과 같은 방법이 있다. 위험관리방법의 내용은 제1장 제6절을 참고하기 바란다.

① 위험통제방법
② 위험회피방법
③ 위험전가방법
④ 위험보유방법
⑤ 위험예지방법
⑥ 위험정비보수방법
⑦ 위험교육훈련방법
⑧ 도상훈련방법
⑨ 안전점검 및 정밀안전진단방법
⑩ 안전책임제 실시방법
⑪ 무재해운동방법

9) 위험관리활동

위험을 방지 또는 제거하려면 위험의 개념을 이해하고 위험제거·방지방법을 익혀서 위험을 제거 또는 방지하는 활동을 전개하여야 한다. 또한 실제로 위험방지 제거활동에 행동이나 행위를 행해야 한다.

즉 위험에 대한 무의식에서 의식으로 그리고 의식에서 의지로 바꾸어 결심하고 행동하는 것이 무엇보다 중요하다.

위험관리행동의 구체적인 내용은 제2장 건물안전사고 발생원인과 예방대책편을 참고하기 바란다.

(2) 건물관리 안전수칙 교육

1) 건물관리 안전수칙의 의의

건물관리자 · 근무자 등이 건물안전상 지켜야 할 규범 또는 행동지침을 총칭하여 건물안전관리수칙이라 한다. 건물안전사고는 설비의 결함에서 나타나는 안전사고도 있으나, 관리자나 관리종사자, 즉 사람에 의하여 나타나는 안전사고가 상당부분 차지하고 있다. 그러므로 위험을 방지하고 안전사고 예방을 위한 관리자 또는 근무자들의 근무행동지침이나 규범의 이행은 매우 중요하다.

관리종사자에 의한 사고예방을 위하여 관리종사자의 업무와 설비 등의 종류에 따라서 반드시 지켜야 할 수칙을 일괄해서 교육함으로써 해당 업무담당자뿐만 아니라 타 직종의 근무자가 이를 참고하여 간접적인 안전사고 예방 기능을 나타나게 된다.

2) 건물관리 안전관리수칙의 종류

건물관리업무는 설비의 종류나 관리대상과 업무의 성격에 따라 다양한 관리수칙이 있으므로 지켜야 할 수칙의 종류 또한 매우 다양하다.

건물관리현장에서 지켜야 할 안전수칙의 종류를 기술하면 대체로 다음과 같다(자료 : 공항시설관리(주), ≪안전업무규정≫).

① 일반 안전수칙
② 펌프모터 안전수칙
③ 위험물 저장소 안전수칙
④ 보일러실 안전수칙
⑤ 전기취급 안전수칙
⑥ 가스용접 안전수칙
⑦ 전기용접 안전수칙
⑧ 보일러 취급자 안전수칙
⑨ 냉동기 근무자 안전수칙
⑩ 위험물 취급자 안전수칙
⑪ 공조실 근무자 안전수칙
⑫ 고압가스 안전수칙
⑬ 위험물취급 안전수칙
⑭ 공기구취급 안전수칙 등

3) 안전수칙의 내용

건물관리현장에서 안전을 높이고 안전성을 확보하기 위하여 그리고 안전사고를 근절하기 위한 안전수칙의 종류별 내용은 다음과 같다(현장의 사정에 따라 가감·수정하여 사용하기 바람).

가) 일반 안전수칙

① 작업시 규정된 복장을 착용한다.
② 시설 및 작업기구는 점검 후 사용한다.
③ 작업장 주위환경을 항시 정리·정돈한다.
④ 인화물질 또는 폭발물이 있는 장소에는 화기 취급을 엄금한다.
⑤ 위험표시 구역은 담당자 외 무단출입을 금한다.
⑥ 담배는 흡연장소에서만 피워야 한다.
⑦ 모든 기계는 담당자 이외에는 취급을 금한다.
⑧ 음주 후 작업을 금한다.
⑨ 현장 내에서는 장난하거나 뛰어다녀서는 안 된다.
⑩ 모든 전선은 전기가 통한다고 생각하고 주의해야 한다.
⑪ 기계 가동 중 기계에 대한 청소·정비는 할 수 없으며, 파품을 제거하지 말아야 한다.
⑫ 사전승인 없는 화기 취급은 절대 엄금한다.

나) 펌프모터 안전수칙

① 가동 전 안전수칙

- 펌프 가동 전 회전체 주위에 접속물 유무를 확인한다.
- 펌프모터의 가동 및 정지는 조작순서에 의한다.
- 펌프 가동시 배전반과 기계실의 근무자가 상호 연락하여 이상유무를 확인한 후 가동한다.
- 모터의 접지상태는 양호한가를 확인한다.

② 가동중 안전수칙

- 정전시 대비하여 무정전 장치의 정상작동 여부를 확인하고 휴대용 조명등(랜턴)은 정위치에 놓는다.
- 각종 기계·온도·압력·역률상의 정상 여부를 확인한다.

③ 기타 안전확인사항

- 기계 점검시 복장은 활동함에 불편이 없어야 한다.

- 펌프실 바닥 통로에 미끄러움을 주는 물건(기름 · 물)이 없어야 하며, 특히 기계실 바닥은 결빙으로 인한 안전사고관리에 철저를 기해야 한다.
- 배수펌프의 정상작동 여부와 메탈오일을 정기적으로 점검한다.
- 베어링 윤활유 및 베어링 메탈오일을 정기적으로 점검한다.
- 보수작업 후 주위 정돈을 철저히 해야 한다.

다) 위험물 저장소 안전수칙

① 저장소에서 화기 및 인화물 취급을 엄금한다.
② 저장소의 정리정돈과 폐기물은 매일 정리한다.
③ 위험물 취급시 용기의 전도 · 추락 · 충격을 금한다.
④ 정전기가 발생하지 않도록 한다.
⑤ 허가량 이상 저장하지 않도록 한다.
⑥ 위험물의 취급 및 불출은 관리자 입회하에 한다.
⑦ 소방시설은 1일 1회 이상 점검하고 작동요령을 익힌다.

라) 보일러실 안전수칙

① 기기에 급격한 변동을 주지 말아야 한다.
② 보일러 운전에 따르는 모든 기기 · 버너 및 제어장치는 점화 전에 반드시 점검하여야 한다.
③ 제한압력(8kg/cm^2, 5kg/cm^2)을 초과해서는 안 된다.
④ 점검하기 위해 취수할 때는 분출되는 수증기에 조심하여야 한다.
⑤ 보일러 수위의 게이지는 규정된 범위 내에 있어야 한다.
⑥ 급수조의 적정온도(35~70℃)를 유지하여야 한다.
⑦ 각 기계의 지시점에 주의하여 이상유무를 확인하여야 한다.
⑧ 가스 · 스팀 · 물 등이 새는 곳이 없는가를 항시 주의하고, 스팀이 순환 중인 배관 · 밸브 · 플렌지 등에는 충격을 주는 일이 없도록 하여야 한다.
⑨ 연료가 나온 후 버너의 점화가 안 되었거나 점화한 것이 꺼졌을 때는 연료공급 밸브를 잠그고 버너를 점검 · 수리 · 조정하여야 한다.
⑩ 보일러의 수위가 기준보다 과도하게 높거나 낮을 때는 즉시 운전책임자에게 보고하고 적절한 조치를 취해야 한다.
⑪ 게이지 내의 수위는 규칙적인 간격을 두고 지적하여야 하며, 자동공급 조정장치나 경보장치에 너무 의존하여서는 안된다.
⑫ 연소중단은 비상사태로 간주하고 즉시 보일러의 연료공급을 중지해야 하며, 재점화하기 전에 소정의 절차에 따라 점화하여야 한다.

⑬ 버너의 고장, 연료 또는 연소공기의 과부족으로 인한 비정상적인 연소상태는 즉시 보고하여 적절한 보호조치를 취하여야 한다.
⑭ 보일러는 매일 1회씩 부로잉 오프밸브를 열어 부로잉 다운을 시켜야 한다.
⑮ 보일러 정지시에는 정지 후 노 내로 연료가 누입되지 않도록 조치하여야 한다.
⑯ 누설되는 맨홀이나 헤드, 그리고 밸브들은 보일러가 압력을 받고 있을 때 수리해서는 안된다.
⑰ 보일러가 압력을 받고 있을 때는 안전밸브에 대한 작업을 해서는 안되며, 밀폐된 부근에서 작업하여서도 안된다.

마) 전기취급 안전수칙

① 담당자와 전기기술자격자 외에는 전기수리를 하여서는 안된다.
② 전기고장을 발견하면 즉시 관계자에게 보고한다.
③ 모든 전선은 전류가 흐르고 있다고 생각하여 함부로 만져서는 안된다.
④ 전선이 늘어져 있거나 벗겨져 있을 때는 작업감독자에게 보고하여야 한다.
⑤ 모든 스위치는 뚜껑을 달아야 하고, 젖은 손으로 만져서는 안된다.
⑥ 모터 등 전기장치에 스파크나 증기가 나면 스위치를 끄고 작업감독자에게 보고해야 한다.
⑦ 스위치 박스, 전동기 배선 및 각종 전기설비에 액체성 물질을 뿌려서는 안된다.
⑧ 전선 및 전기기구에 물건을 걸어놓아서는 안된다.
⑨ 전깃줄을 모서리나 기계 위로 끌고다녀서는 안되며, 전선피가 벗겨지지 않도록 하여야 한다.
⑩ 고압선 및 고압회로에는 위험표식을 하여야 하며, 담당자 확인없이는 접근 및 출입하여서는 안된다.
⑪ 전선을 로프 대신 사용해서는 안된다.
⑫ 정전으로 기기가 정지되었을 때는 스위치를 개방해놓아야 한다.
⑬ 퓨즈는 반드시 규정치에 맞는 것을 사용하여야 한다.
⑭ 임시가설이라도 전선은 반드시 사람 키보다는 높아야 하며, 부근에서 작업하는 사람에게 위험하지 않아야 한다.

바) 가스용접 안전수칙

① 굴리거나 떨어뜨리거나 쓰러뜨리는 등 거칠게 다루는 행위는 엄금한다.
② 운반시는 가스가 새는 것을 확인하고, 각 병의 안전밸브 및 마개의 이상유무를 확인하여야 한다.

③ 가스의 종류에 따라 그 인화성·폭발성·압력 등을 잘 인식하여 처리하여야 한다.
④ 기름 묻은 장갑이나 기름걸레 등으로 용기를 만지는 것을 엄금한다.
⑤ 직사광선이나 난로에 가까이 하는 등 온도가 높은 장소에 놓아두지 말아야 한다.
⑥ 겨울에는 옥외에 방치하여 얼거나 땅에 얼어붙지 않게 하여야 한다.
⑦ 만약의 경우 용기에 불이 붙었을 경우를 생각하여 가스의 출구, 안전변 등의 방향에 불이 뿜어져도 안전한 곳으로 향하게 하여야 한다.
⑧ 밸브용 콕 핸들은 사용 중 반드시 밸브에 달아놓아 두어야 하며, 밸브는 서서히 열어야 한다.
⑨ 새어나오는 것이 확인되고 멈출 수가 없을 때는 옥외의 안전한 장소에 옮기고 작업감독자에게 보고한다.
⑩ 용기취급시 밸브 정면에 몸을 위치시키지 말아야 한다.
⑪ 자동차로 운반시 2종 이상의 가스를 혼합하여 적재하여서는 안되며, 하차시는 충격을 주어서는 안된다.
⑫ 근거리 이동시 손으로 들거나 세워서 약간 모로 굴리거나 손수레를 사용하여 옮기고 기중기 운반은 절대 금하여야 한다.
⑬ 아세틸렌은 인화성과 폭발성이 크므로 취급에 특히 조심하여야 한다(공기·산소 등과 혼합되면 폭발성 가스로 변한다).
⑭ 아세틸렌은 동 또는 62% 이상의 동합금과 화합하면 폭발되기 쉬우므로 도관으로 구리제품을 사용해서는 안된다.
⑮ 아세틸렌 용기는 반드시 세워놓고 작업해야 한다.
⑯ 산소용기는 내압이 높으므로(150기압) 파손되면 분출의 반동으로 튀는 경우가 있으니 파손에 주의하여야 한다.
⑰ 프로판가스는 냄새가 적으므로 새어나오는 곳에 주의하여야 한다.
⑱ 용기를 세워둘 때에는 넘어지지 않도록 바닥부분을 확인하고 세워놓아야 한다.
⑲ 용기를 눕혀둘 때에는 적당한 받침을 하여야 한다.
⑳ 만일 산소용기가 있는 건물이나 그 가까운 곳에서 화재가 나면 우선 산소용기부터 안전한 곳으로 옮겨야 한다.
㉑ 용기밸브가 동결되어 가열할 때는 40℃ 이하의 온도를 사용한다.
㉒ 저장온도는 35℃ 이하로 보존한다.
㉓ 가열물, 기름걸레, 부식약품은 가깝게 두지 말아야 한다.

사) 전기용접 안전수칙

① 전기용접은 일정한 장소에서만 하고 반드시 광선차단용 커튼을 설치하여야 한다.

② 밀폐된 장소에서는 보호 마스크를 착용하여야 한다.

③ 용접용도선은 '홀더'의 절연이 양호한 것으로 하고, 고무장갑과 고무장화를 착용하며, 끊어진 리드선은 꼭 교환하여야 한다.

④ 탱크 내에서의 작업시 유해가스 발생에 대비하여 통풍장치를 설치하고, 자주 외기에 접촉한다.

⑤ 용접기는 항상 습기를 배제하여 보관하여야 한다.

⑥ 용접거리는 3~5mm의 간격을 유지하여야 한다.

아) 보일러 취급자 안전수칙

① 보일러 수위는 항상 정상수위를 유지하여야 한다.

② 연소실 내에 미연소 가스가 있어서는 안된다.

③ 수면계 및 압력계는 1일 2회 이상 점검하여야 한다.

④ 안전변의 기능은 확실한지 점검하여야 한다.

⑤ LNG의 공급압력은 일정하게 유지되고 있는가를 확인해야 한다.

⑥ 매일 적정량이 일정하게 유지되고 있는가를 확인해야 한다.

⑦ 수면계 및 수조의 부로워는 1일 2회 이상 실시하여야 한다.

⑧ 급수펌프의 기능은 정상인지 점검하여야 한다.

⑨ 각종 밸브의 개폐상태는 정확하게 되어 있는지 점검하여야 한다.

⑩ 압력제한기 및 화염분출기의 기능은 이상이 없는지 점검해야 한다.

자) 냉동기 근무자 안전수칙

① 냉각탑의 수위는 적정수위를 유지한 후 팬을 가동하여야 한다.

② 오일, 예열온도와 유면은 정상이어야 한다.

③ 냉수·냉각수의 펌프 및 전동기는 정상인지 점검하여야 한다.

④ 냉수배관 내의 공기유입시 배출시켜야 한다.

⑤ 각종 안전스위치는 이상이 없는지 점검하여야 한다.

⑥ 냉동기 공급전원은 이상이 없는지 확인하여야 한다.

⑦ 이상소음이 발생되는 부분이 없는지 확인하여야 한다.

⑧ 각종 전동기의 과부하 및 과열상태를 수시로 점검하여야 한다.

⑨ 냉동기 가동 전 고압패널의 전원 투입여부를 확인하여야 한다.

⑩ 냉동기가 정지되었을 때는 주전원이 차단되었는지 확인하여야 한다.

⑪ 고압패널의 점검문은 항시 닫혀 있어야 한다.

⑫ 냉동기 운전시는 부하의 조정을 급격하게 하지 말아야 한다.

차) 위험물 취급자 안전수칙

① 제조소 등에 있어서는 허가를 받았거나 신고한 수량 이상 또는 품명 외의 위험물을 저장하거나 취급하여서는 안된다.

② 제조소 등에 있어서는 함부로 화기를 취급하여서는 안된다.

③ 제조소 등의 위험물을 취급하는 곳에는 직원 외의 자가 함부로 출입하지 못하도록 하여야 한다.

④ 제조소 등에 있어서는 항시 정비 및 청소에 노력하고, 함부로 불필요한 가연물을 방치하여서는 안 된다.

⑤ 위험물의 찌꺼기 등은 1일 1회 이상 당해 위험물의 성질에 따라 안전한 장소에서 폐기하거나, 기타의 안전한 방법으로 이를 처리하여야 한다.

⑥ 위험물의 저장 또는 취급하는 건물, 기타 공작물이나 설비는 당해 위험물의 성질에 따라 차광 또는 환기를 하여야 한다.

⑦ 위험물의 저장 또는 취급하는 건물 안에 온도계·습도계 기타의 계기를 비치하고 당해 위험물의 성질에 따라 적당한 온도와 습도를 유지하도록 하여야 한다.

⑧ 위험물을 저장 또는 취급하는 경우에는 당해 위험물이 새거나 넘치거나 비산하지 않도록 조치하여야 한다.

⑨ 위험물을 저장 또는 취급하는 경우에는 위험물의 변질, 이물질의 혼입 등으로 당해 위험물의 위험성이 증대하지 않도록 조치하여야 한다.

⑩ 위험물이 남아 있거나 남아 있을 우려가 있는 설비·기계·기구·용기 등을 수리할 경우에는 안전한 장소에서 위험물을 완전히 제거한 후 작업하여야 한다.

⑪ 위험물을 용기에 수납할 경우 그 용기는 당해 위험물의 성질에 적합한 것으로 하고, 파손·부식·틈 등이 생기지 않도록 하여야 한다.

⑫ 위험물이 수납된 용기를 저장 또는 취급할 때에는 함부로 넘어뜨리거나 떨어뜨리는 등 충격을 가하는 행위를 하여서는 안된다.

⑬ 가연성의 액체·증기 또는 가스가 새거나 괼 우려가 있는 장소 또는 가연성이 있는 작은 가루가 떠돌아다닐 우려가 있는 장소에서는 전선과 전기기구를 완전히 이어야 하고, 불꽃을 발하는 기계·공구 등을 사용하거나 마찰에 의하여 불꽃을 발하는 신발을 신어서는 안된다.

⑭ 위험물을 보호액 속에 보존하는 경우 당해 위험물이 노출되지 않도록 조치를 취하여야 한다.

카) 공조실 근무자 안전수칙

① 코일의 드레인 밸브나 공기빼기 밸브를 개방한 채로 냉수나 증기를 공급해서는 안된다.
② 점검자나 정비사는 반드시 모든 스위치를 차단하여야 한다.
③ 팬이 가동할 때는 기기 가까이 접근하거나 들어가지 말아야 한다.
④ 점검을 할 때는 반드시 모든 회전체가 정지되었는지 확인한 후에 점검해야 한다.
⑤ 배관 및 코일 정비시에는 주밸브를 잠그고 증기 및 냉수가 배관에 흐르지 않는 것을 확인한 후에 정비해야 한다.
⑥ 벨트의 안전커버는 항상 견고하게 부착되어 있어야 하며, 커버가 부착되지 않는 상태에서 팬을 가동해서는 안 된다.
⑦ 기기를 가동시킬 때는 주위를 정돈하고 불필요한 물건을 제거한 후에 조작한다.
⑧ 점검 또는 정비 후 가동시는 작업자의 작업완료와 작업자가 없음을 확인한 후 가동하여야 한다.
⑨ 기계 가동 중에 기계 주위를 불필요하게 돌아다녀서는 안된다.
⑩ 점검구의 문은 항상 닫고 공조기를 운전하여야 한다.
⑪ 소화기는 항상 정위치에 비치되어 있어야 한다.

타) 고압가스 안전수칙

① 고압가스 주위에서는 흡연이나 기타 화재의 위험성이 있는 일체의 행위를 금지한다.
② 고압가스 주위에서는 용접작업이나 지하굴착 작업의 충격과 마찰을 일으키는 일체의 행위를 금지한다.
③ 책임자의 허락없이 이 구역에 들어갈 수 없다.
④ 탱크의 온도가 40℃ 이상이거나 가스가 누설되는 것을 발견 즉시 안전담당자에게 연락하여야 한다.
⑤ 고압가스 주위에서는 인화물질 및 가연성물질을 방치할 수 없다.
⑥ 고압가스 구역에서는 화재발생의 원인이 될 물체의 휴대를 일체 금한다.
⑦ 용기의 보관은 통풍이 잘 되게 하고, 항상 캡을 씌워 보관한다.

파) 위험물취급 안전수칙

① 위험물 취급시는 절대로 흡연하지 않는다.
② 선임된 취급자가 허가된 물량만 취급한다.
③ 허가된 위험물은 지정된 장소에서만 취급한다.

④ 유류 외 어떠한 물품도 혼합저장하지 않는다.
⑤ 취급 전에 소방설비와 해당 소화기를 확인한다.
⑥ 경보설비 및 소방기구 조작법을 숙지한다.
⑦ 취급 후 시건장치를 확인하고 점검부에 기록한다.
⑧ 저장소에서는 정리정돈하고 폐기물은 매일 처리한다.

하) 공기구취급 안전수칙

① 각종 공기구는 작업에 적합한 것 이외의 것은 사용하지 말아야 한다.
② 공기구는 소중히 취급하여야 하며, 불량공구는 즉시 수리하여 사용토록 하고, 낡은 공구는 반납 조치하여야 한다.
③ 공기구는 일정한 장소에 정연하게 비치하고 사용하여야 하며, 손이나 공구에 기름이 묻었을 때에는 완전히 닦고 작업하여야 한다.
④ 공구는 확실히 손으로 전하고 작업종료시 반드시 파손유무를 점검하여야 한다.
⑤ 전기기기는 반드시 허가된 자에 한하여 사용하여야 한다.
⑥ 망치로 강타할 때는 언제나 주위를 살피며 자루를 수시로 점검하여 빠지지 않도록 하며, 장갑을 끼고 망치질을 하여서는 안 된다.
⑦ 녹이 슨 재료를 두들길 때는 부스러기가 눈에 들어가기 쉬우므로 보호안경 등을 끼고 작업하여야 한다.
⑧ 긴 망치자루는 부러지기 쉬우므로 언제나 조심하여 사용할 것이며, 고열 작업에서는 수시로 자루에 물을 묻혀 사용하여야 한다.
⑨ 재료가 울퉁불퉁하거나 휘어져 있는 부분을 강타하면 탄력으로 인하여 예기치 않았던 부상을 당하는 일이 있으므로 이에 대해 특별히 조심하여야 한다.
⑩ 스패너는 볼트 및 너트 두부에 꼭 맞는 것을 사용하여야 하며, 맞지 않는 스패너에 힘을 가하면 공회전하여 손을 상하게 되므로 조심하여야 한다.
⑪ 스패너에 무리한 힘을 가하기 위하여 파이프를 끼워서 돌리지 말아야 한다. 부득이 스패너에 파이프를 끼워서 사용할 때에는 빠져나오지 않게 하여야 한다.
⑫ 끌·줄·칼과 같은 공구는 손잡이가 달려 있어야 하며, 날이 있는 공구는 잘 갈아서 사용한다.
⑬ 스패너, 펜치를 사용할 때는 공구가 갑자기 빠져도 넘어지지 않도록 자세를 확고히 하고 있어야 한다.
⑭ 정이나 끌과 같은 공구의 때리는 부분이 버섯모양으로 퍼져서 잘라지면 잘 다듬어 사용하여야 한다.
⑮ 작업이 머리 위에서 수행되고 있을 때에는 사용하지 않는 공구는 안전하게 고

정시키거나 공구함에 넣어야 한다.

⑯ 한 지역에서 다른 지역으로 한 작업원이 다른 작업원에게 공구나 자재를 던지거나 낮은 편으로 떨어뜨리는 행위는 금해야 한다.

(3) 건물위험시설물 안전교육

완성된 건물에서는 가스설비, 전기설비, 보일러설비 등 위험시설물이 존재한다. 이와 같은 위험시설물은 기술안전관리대상으로서 안전관리교육에 반드시 포함시켜 철저히 그리고 체계적으로 교육해야 한다. 특히 위험시설물의 위험부분, 주의사항, 점검사항(확인사항), 응급조치요령 등에 대하여 교육해야 한다.

건물위험시설물에는 다음과 같은 것이 있다.

① 가스설비
② 전기설비
③ 보일러설비
④ 승강기 및 인양기
⑤ 옥상 대형저수조 탱크
⑥ 석축 · 옹벽 · 계단
⑦ 외벽마감재인 석재 · 타일 · 패널
⑧ 각종 펌프
⑨ 외부 대형 돌출광고물
⑩ 유류탱크 등

이상과 같은 위험시설물과 설비에 대하여 다음과 같이 시설과 설비별로 직무교육을 실시해야 한다.

1) 보일러설비 안전교육

가) 사고원인

① 제한압력 초과사용
② 탱크 내 물의 양 감소
③ 수격작용
④ 스케일의 부착
⑤ 무면허자의 취급
⑥ 무검사 사용

⑦ 연소가스 폭발
⑧ 안전변의 고장
⑨ 압력계의 수면계 고장 등

나) 보일러의 안전점검

가스폭발 방지를 위한 점검사항은 다음과 같다.

연료 댐퍼와 폭발문의 비례상태, 보일러 내의 화실벽과 버너의 파손유무, 점화 전의 추가 실시여부와 소화 후의 추가 실시여부 등을 확인·점검하고 버너의 오일 밸브를 잠근 후부터 화염검출기가 작동할 때까지 걸리는 시간과 연소시 버너의 화염상태를 세심하게 점검한다.

다) 시동 전의 점검사항

시동 전에는 급수탱크의 수위, 연료의 상태, 급수펌프의 운전상태, 댐퍼의 개폐여부, 분출장치의 누설유무, 증기, 압력 등을 점검하고 보일러 주위에 인화성물질이 있는가를 확인한다.

라) 운전 중 점검사항

운전 중에는 증기압력, 수면의 상용수위, 화염의 상태(연한 오렌지색), 통증압, 급수펌프와 송풍기의 운전상태 등을 수시로 관찰해서 이상유무를 확인하고 굴뚝의 매연 여부도 확인해야 한다.

마) 소화 후의 점검

소화 후에는 분출장치의 누설유무, 수증기 밸브의 개폐상태, 보일러 내에서의 버너 인출상태, 중유가열기의 증기밸브 개폐상태, 댐퍼의 개폐여부, 증기배관의 응결수 상태, 증기압력 수면의 상용수위 등을 확인해야 한다.

바) 송기할 때의 점검

송기시에는 트랩장치와 기기의 이상유무를 점검하고 응결수 드레인 밸브가 열렸는가를 확인해야 한다.

2) 가스설비 안전교육

가) 개 요

일반건물이나 공동주택에 있어서 현재 많이 사용하는 냉·난방 및 조리용 원료에는 가스가 주로 사용되고 있다. 가스에는 도시가스와 LP가스가 있는데, 도시가스는 천연가스나 원유·석탄을 주성분으로 하고 공기보다 가볍기 때문에 가스가 새어나올 때 주방의 천장 근처에 올라가 있게 된다. 프로판가스라고 불리는 LP가스는 공기보다 무겁기 때문에 가스가 샐 때 바닥 근처에 깔려 있게 된다.

도시가스는 공기 중에 가스농도 5%를 넘고 LP가스는 2%가 넘는 경우 폭발의 위험이 있다. 도시가스의 경우에는 공급체계나 관리가 엄격하므로 건물에 도착 이후의 안전사고는 별로 없다. 그래서 상대적으로 관리가 허술하여 위험성이 많은 LP가스를 중심으로 사용상의 주의점을 언급하고자 한다.

나) 사용 전의 주의사항

① 고무관에 노화·홈 등이 생겼을 때 즉시 신품과 교체해야 한다.

② 가스콕과 고무관에서의 가스누출이 많으므로 수시로 비눗물 등으로 점검해야 한다. 성냥을 사용하여 점검하는 것은 절대로 금해야 한다. 호스의 연결부분은 반드시 밴드로 바르게 조여야 한다.

③ 연소기구는 수시로 소제하여 염공, 공기조절 장치, 배기통 등에 이물질이 부착되지 않도록 주의해야 한다. 이물질이 부착되면 불완전연소와 역화의 원인이 된다.

④ 가스누출 유무를 냄새로 확인한다.

⑤ 연소기구 부근에 가연성물질을 두지 말아야 하며, 특히 에어졸 관계의 가연성 물질은 위험하다.

다) 점화 및 사용 중의 주의사항

① 바람이 불어 불꽃이 꺼지거나 고무호스의 압박에 의한 가스의 차단으로 불꽃이 꺼지지 않도록 주의해야 한다. 불꽃이 꺼지면 일단 환기시켜 누출된 가스를 옥외로 배출시키고 다시 점화해야 한다.

② 스토브 등의 사용 중에는 배기에 의하여 공기가 오염되므로 환기에 주의하여야 한다.

③ 사용 중 가스가 떨어져 불꽃이 꺼진 경우에는 필히 연소기구의 콕 및 가스관은 조여야 한다. 그렇지 않으면 가스가 용기에서 떨어져 증발을 일으키거나 또는 새 충전용기와 교환할 때 가스누출이 생긴다.

④ 점화에 있어서는 성냥과 점화불 착화원을 먼저 버너에 가까이 한 후에 기구콕을 조용히 연다. 콕을 열어서 가스를 보내고 난 후 점화하는 것은 위험하다.

⑤ 불꽃은 공기조절 장치의 개폐에 의하여 완전연소 불꽃으로 조절하고 적화 등 불완전연소가 되지 않도록 주의해야 한다.

⑥ 화력의 조정을 가스콕의 개폐로 실시한다. 다만, 약화로 둘 때에는 불꽃의 상태에 주의하여야 한다. 중간콕을 조정하거나 조정기의 스프링으로 조정하는 것은 금한다.

라) 사용 후의 주의사항

① 연소기구의 콕은 확실히 잠근다.

② 외출시 또는 야간의 가스사용 종료 후에는 기구콕과 가스관의 밸브를 확실히 닫는다.

마) 가스누출시 조치사항

가스누출기가 이상이 있는 경우 즉시 관리자나 관리사무소에 연락하고 그동안 응급조치를 하여야 한다.

① 창문을 열어서 통풍을 좋게 하여 누출된 가스냄새가 없어질 때까지 환기시킨다.

② 부근 전기기구의 점멸을 하지 말아야 한다. 특히 냉장고 등 자동제어장치를 설치한 전기기구의 주위는 속히 환기시켜야 한다.

③ 부근에 일체의 화기를 가까이 하지 말아야 한다.

④ 가스전을 닫는다. 가능하면 용기변도 닫는다. 가스사고와 대비해서 가스안전사고 담당자나 근무직원들은 다른 안전사고 처리기관의 비상연락망(한전, 소방서, 경찰서, 구급병원 등)을 구축하고, 관계 전화번호 등을 근무장소에 부착하여 긴급시에 활용하여야 한다.

3) 전기설비 안전교육

가) 개 요

전기기기의 안전관리를 잘못하면 전기기기의 고장은 물론, 인명의 피해를 주는 전기안전사고가 발생하게 되어 관리운영에 지장을 초래한다. 따라서 전기설비에 있어 단전이나 전기를 과다 사용하면 과부하가 걸리게 되는데 이때 생길 수 있는 화재 등을 사전에 안전교육을 통하여 관리하지 않으면 안된다.

나) 전기안전설비의 설치

① 유도장애장치

- 인체의 전기에 대한 유도장애는 다음과 같다.
  - 보호선이나 차폐선을 설치하여 공간의 전위를 낮춘다.
  - 철선 작업시 절연저항이 높은 신발을 신는다.
  - 전력선의 지상 높이를 높게 한다.
  - 전력선을 가능한 한 높게 또는 안전하게 배치한다.
- 통신선에 대한 유도장애는 다음의 방법과 같이 조치한다.
  - 전력선・통신선을 가설한다.

– 전력선과 통신선과의 이격거리를 될수록 멀리한다.

– 차폐선을 설치한다.

– 통신선과 금속피복을 하여 접지한 케이블을 사용한다.

② 피뢰기의 설치

피뢰기에는 판저항력 피뢰기, 방출형 피뢰기, 판형 피뢰기, 종이 피뢰기, 저항력 피뢰기 등이 있다. 피뢰기는 충격발전 개시전압이 낮고 반복동작이 크며, 한전압이 낮고 뇌전력에 방전력이 크며 구조가 견고하고 특성이 변하지 않는 것이어야 한다. 그리고 접지는 매입 또는 타입으로 할 수 있는데 가능한 한 습기가 없고 가스나 가스선 등이 없는 장소를 선택하여 깊이 매설해야 한다(제1종 접지 굵기는 26mm).

다) 전기안전사고 예방

① 전기안전사고의 원인분석

누전에 의한 발화, 전열의 손상, 탄화에 의한 발화, 과전류에 의한 발화, 접속불량의 과열에 의한 발화 등으로 인한 사고가 발생하므로 안전사고 원인을 분석하고 제거해야 한다.

② 감전사고의 예방

감전사고는 작업자에 대한 안전교육, 절연보호구의 사용, 전기설비의 점검 철저, 전기기기의 위험표식, 허가자 이외의 전기기계 및 기구에의 촉수엄금, 전기기기 및 장비 등에 의하여 방지될 수 있다.

라) 전기작업의 안전수칙

① 전기작업 담당자 이외에는 전기보수공사를 하지 않도록 한다.

② 전기고장을 발견하면 반드시 상급 전기기사에게 보고하여야 한다.

③ 모든 전깃줄은 전기가 통하고 있다고 생각하고 함부로 만지지 않는다.

④ 젖은 손으로 전기장치를 만지지 않도록 한다.

⑤ 배선상태를 정기적으로 검사하도록 한다.

⑥ 전기선·전깃줄 또는 전기기구에 물건을 걸어놓지 않는다.

⑦ 전깃줄은 모퉁이나 기계 위로 끌고다니면 위험하므로 전깃줄 피복이 파손되지 않도록 한다.

⑧ 고압선에는 위험표지를 부착한다.

⑨ 전깃줄의 규정용량을 초과하여 사용하지 말아야 한다.

⑩ 절연측정기, 테스터, 전기검전기(고압전압), 절연파이버, 절연저항, 기타 필요한

절연공구를 사용하여야 한다.

⑪ 전기작업은 위험하므로 전기취급작업자 외에는 함부로 전기취급을 해서는 안 되며, 감독자의 지시에 의하여 전기작업을 수행하여야 한다.

⑫ 불필요하거나 사용하지 않는 전기시설물은 전원을 차단한다.

⑬ 스위치 조작은 오른손으로 한다. 왼손으로 하면 오른손으로 할 경우에 비하여 심장에 전력을 받았을 때 피해가 더 크기 때문이다.

4) 승강기 안전교육

가) 안전검사의 필요성

고층건물에 설치하는 승강기는 사고가 발생될 경우 치명적인 인적 손실이 예상되므로 정기적인 안전검사를 전문관리회사로부터 받아 안전검사필증을 부착하여야 한다. 이를 위하여 전문회사와 일년 단위로 엘리베이터 안전검사 용역을 체결해두고 정기적 안전검사를 받는 것이 현명하다.

나) 안전장치

① 엘리베이터의 과속·과주행에 대해서는 이중 안전장치가 되어 있고, 와이어로프의 강도는 10배 이상의 안전한 것으로 되어 있다.

② 비상시를 대비하여 엘리베이터의 천장에 비상탈출구를 설치하도록 되어 있고, 외부와의 긴급연락을 할 수 있게 인터폰을 사용할 수 있게 되어 있으며, 정전시에 대비하여 비상전등이 설치되어 있다. 이밖에도 전기적·기계적 안전장치가 되어 있다.

다) 승강기 관리

승강기 안전관리를 위하여 다음 사항을 매일 매일 점검해야 하고 이상 발견시 즉시 정지시켜 수리해야 한다.

① 전동기의 이상 여부

② 제동기와 감속기의 정상작동 여부

③ 견인구차의 공회전 여부

④ 로프의 마모상태 여부

⑤ 승강기 상부의 청소상태 여부

⑥ 견인구차 및 로프의 주유상태 여부

⑦ 승강기 출입구의 작동 여부

⑧ 리밋 스위치의 정상작동 여부

⑨ 경보장치 및 외부연락 설비의 작동 여부

라) 건물외부 돌출광고물 안전

건물외벽에 부착된 돌출광고물의 종류는 다양하고 크기·무게 또한 경중의 차이가 많다. 부착시에 아무리 견고하게 고정작업을 했다하더라도 온도에 의한 수축과 팽창, 바람에 의한 이동이나 진동, 부착 고정지점의 영향, 비바람, 고정자재의 마모와 부식 등으로 고정기능이 떨어져 높은 부착지점에서 아래로 추락하여 낙하지점에 세워둔 차량이나 지나가는 인명에 치명상을 주는 예가 종종 발생되고 있다. 따라서 외부 부착 돌출광고물도 위험시설물에 포함하여 안전관리교육이 되어야 할 것이다.

① 원칙적으로 외부 돌출광고물 설치에 대하여 허가하지 말아야 한다.
② 부득이한 경우 허가할 때 이중, 삼중의 고정 안전장치를 설치하여야 한다.
③ 안전사고 발생시 책임한계를 분명히 하여 부착자로부터 각서나 보험증서를 교부받아 두어야 한다.
④ 평상 근무시간 중에 육안으로 관찰하여 이상유무를 매일 점검하여야 한다.

(4) 방재관리 안전교육

건축물의 방재교육 관리의 주된 교육목적은 재해발생이 예상되는 원인을 사전에 발견하여 위험을 제거하고 재해극복을 위한 환경을 조성하여, 부득이 재해가 발생했을 때는 지체없이 재해복구를 위하여 계획성 있게 업무처리를 하여 조기에 수습하고 원상복구하여 정상화시키는 데 있다. 방재업무를 계획성 있게 하기 위하여 다음과 같은 조치를 하여야 한다.

1) 방재관리자 선임 및 책임점검과 보안

① 먼저 방재관리자를 선임하고 위험지역을 사전에 선정한 후 방재관리 계획표를 작성한다. 그리고 위험지역에 해당하는 지역이나 설비 및 부속시설에 대하여 책임자로 하여금 정기 또는 부정기적으로 점검케 한다.
② 해빙기 점검, 우기대비 점검, 월동대비 점검을 실시하고 재해발생 위험이 있는 제 시설물은 보완·처리하여야 한다. 방재장비인 양수기, 리어카, 삽, 가마니, 말뚝, 비닐, 새끼모래 등을 실정에 맞게 확보하여 유사시 활용에 대비한다.
③ 대민 입주자 홍보를 통하여 위험지역 발견의 신고, 위험지역 통행금지, 사건재해 방지협조, 자체복구, 피해복구 적극참여 등 재해방지 의식고취와 유사시 협조를 요청한다.

2) 방재교육 실시

재해방지교육 프로그램을 개발하여 출장교육이나 민방위 훈련시에 방재교육을 실시하며, 또한 각종 회의시에도 교육하고 비정기적 비상동원훈련을 실시한다. 공동주택에서는 가능하나 일반건물 관리현장에서는 교육에 다소 어려움이 있으리라 판단된다.

3) 재해보고

재해가 발생하면 재해발생 장소, 발생일시, 발생내용, 문제점 및 대책 등에 대하여 다음과 같은 요령으로 각각 보고하여야 한다.

가) 발생보고

재해발생 즉시 해당 시·군·구 소방기관, 관계기관, 경찰관서에 유선 보고를 한다.

나) 일일보고

재해발생 및 조치내용을 발생 다음날 08 : 00시까지 집계하여 해당 시·군·구에 유선 보고한다.

다) 확정보고

① 단위 건당 재해현황과 문제점, 대책 등 피해사진을 첨부하여 발생 7일 내에서 서면 보고하여야 한다(해당 시·군·구).

② 보고 내용으로는 기상상태, 피해내용, 피해액 및 조치내용을 보고한다.

4) 재해복구

재해발생 후 복구에는 응급복구와 항구복구가 있다. 응급복구를 위하여는 비축장비나 자재를 동원하고, 피해확대를 방지하며, 항구복구시까지 충분히 유지할 수 있도록 조치하고, 복구비용은 선(先) 조치하고 후(後) 정산토록 하며, 시공자의 하자사항은 응급복구 후 복구비용을 시공자에게 징수한다.

항구복구를 위해서는 공동주택의 경우에는 입주자 대표회의에 상정하여 의결을 거치도록 하여 집행하고, 일반건물의 경우에는 관리주체가 항구복구 계획서를 작성, 소유주체에게 제출하여 내부품의를 얻어서 집행한다. 재해발생일시, 재해지역, 피해액, 피해내용, 피해원인, 복구내용, 피해현장 사진 및 복구 후 사진 등을 재해복구 대장에 정리해야 한다.

(5) 방화관리 안전교육

1) 방화관리자 선임

소방시설 설치 유지 및 안전관리에 관한 법률 제20조는 방화관리자를 두어야 할 소방대상물의 소유자 및 관리자나 점유자는 자위소방대를 조직하여 방화관리자를 정하고,

소방계획을 작성하여 소방훈련을 실시하도록 규정하고 있다. 방화관리자를 선임할 때에는 14일 이내에 행정자치부령이 정하는 바에 의하여 소방본부장 또는 소방서장에게 신고하여야 한다.

2) 방화관리자의 자격

방화관리자의 자격은 다음과 같다.

① 소방시설 관리자 또는 소방설비기사 자격을 가진 자
② 산업안전기사 1급 이상 자격을 가진 사람으로 2년 이상 방화관리에 관한 실무경력이 있는 자
③ 위험물취급 기능자 또는 위험물취급 기능사 자격을 가진 사람으로 위험물 안전관리자로 선임된 자
④ 고압가스안전관리법, 도시가스사업시행령에 의거 가스관계 안전관리 책임자로 선임된 사람
⑤ 소방공무원으로 5년 이상 근무경력이 있는 자
⑥ 전문대학 또는 동등 이상의 교육기관에서 소방안전관리학과를 전공하고 졸업한 사람으로 2년 이상 방화관리에 실무경력이 있는 자
⑦ 4년제 대학 이상의 교육기관에서 소방안전관련 과목을 12학점 이상 이수하고 졸업하였거나 소방안전학과를 졸업한 사람으로 3년 이상 실무경력이 있는 자
⑧ 일정한 자격의 해당자로서 행정자치부령이 정하는 강습을 수료하고 그 자격을 인정받은 자

3) 방화관리자의 직무

① 소방계획의 작성
② 소방계획에 의한 소화·통보·피난 등의 훈련 및 교육
③ 자위소방대 조직
④ 화기취급의 감독
⑤ 소방시설 및 소방관련 시설의 유지관리
⑥ 기타 방화관리상 필요한 업무

4) 소방계획

소방계획은 방화관리 업무를 충실히 수행하기 위하여 수립대상에 따라 그 관리현장에 적합하도록 수립되어야 하며, 다음 사항을 포함하여 수립해야 한다.

① 소방대상물의 화재예방을 위한 자체 검사계획
② 소방용 설비 등에 대한 점검 및 정비계획
③ 자위소방대의 조직과 조직원의 임무에 관한 사항
④ 피난통로, 피난구, 안전구획, 배면구획 및 기타 피난설비의 유지관리 계획
⑤ 방화구역, 제한구역, 방화내장, 방열, 그밖의 방화상의 구조 및 설비의 유지관리
⑥ 인원의 수용계획
⑦ 소방훈련 및 교육훈련 계획
⑧ 위험물의 저장취급에 관한 계획
⑨ 분임 방화관리에 관한 사항(동일구 내 특수장소가 두 곳 이상 있는 경우)
⑩ 공사장의 방화관리에 관한 사항
⑪ 기타 관할 소방서장이 명하는 사항

5) 소방관리

가) 화재의 종류와 소화방법

소화의 원칙은 우선 가연물질을 제거하고 산소공급을 차단하며 연소물질을 냉각시켜야 한다.

① A급 화재(일반화재)

불이 타고난 후 재를 남기는 화재를 말한다. 소화방법으로는 연소하고 있는 물질을 인화점 이하로 냉각시키기 위하여 물 또는 물의 성질을 많이 함유한 포말소화기를 사용한다.

② B급 화재(유류화재)

액체나 기체에 화재가 발생하여 불이 타고난 후 아무것도 남기지 않는 화재를 말한다. 소화방법은 질식방법으로 산소제거 작용을 하는 포말 또는 분말소화기로 소화한다.

③ C급 화재(전기화재)

전기누전 등의 원인으로 인하여 발생되는 화재를 말한다. 소화방법은 부도체인 소화기를 사용하여야 한다.

6) 소화기의 종류와 사용방법

가) 소화기의 종류

① A급 화재용(백색 동그라미)
② B급 화재용(황색 동그라미)

③ C급 화재용(청색 동그라미)

나) 소화기 사용법

① 포말소화기(A급 · B급 화재용)

포말소화기는 외통과 내통에 다른 액체를 넣어 소화기를 거꾸로 들 경우 두 가지 약재가 섞이면서 거품이 생겨 자체압력으로 방출된다.

② 분말소화기(B급 · C급 화재용)

분말소화기는 용기 속에 분말로 된 약재를 넣고 유사시 압력용기에서 가스 등을 분출하여 분말이 호스를 통해 나가도록 한 것이다. 사용할 때는 압력용기 안전핀을 빼고 압력용기를 눌러 압력을 가하는 동시에 손잡이 레버를 바로잡고, 화점 2~3m 지점에서 바로 쏘는 것처럼 방출된다. 약재가 피부에 닿지 않도록 주의한다. 소화기의 보관방법은 직사광선 · 습기제거, 약재가 굳어지는 것을 방지하기 위하여 수시로 흔들어서 보관하는 것이 좋다.

③ 안전장치

- 누전에 의한 화재발생시 전기분전반 스위치는 끈다.
- 화재는 초기 진압이 중요하므로 모래 · 물 · 소화기 등을 사용하여 최단 시간 내 소화하도록 한다.
- 진화가 불가능하다고 판단될 경우 기구나 신변잡기에 미련을 두지 말고 즉시 대피하여야 한다.
- 대피시 출입문이 뜨겁다든가 문틈 사이로 연기가 스며드는 경우 문을 열면 갑작스런 화염이나 유독가스에 피해를 당하게 되므로 문을 열지 말고 문틈을 젖은 수건으로 막은 후 다른 통로를 찾거나 구조 요청을 한다.

7) 소화작업시 유의사항

소화요원은 화재현장 상황을 파악하고 작업의 우선순위를 정하여 진화에 임하되 절대로 우왕좌왕하여 작업에 지장을 초래하지 않도록 해야 한다.

① 대피하지 못한 사람이 있는 경우 먼저 사람부터 구한다.
② 화점에 접근할 때는 낮은 자세를 취한다.
③ 불꽃의 아랫부분을 먼저 끈 후에 윗부분을 끈다.
④ 불꽃을 잡지 못할 시는 단계적으로 후퇴한다.
⑤ 불꽃을 중심으로 포위하여 사방에 물을 끼얹는다.
⑥ 물에 적신 수건 등으로 입과 코를 막는다.

⑦ 물은 화점을 향하여 끼얹는다.
⑧ 소방시설이 있는 경우 최대 활용한다.
⑨ 건물 각 부분이 완전히 냉각될 때까지 불탄 자리를 감시해야 한다. 불에 타다 만 것은 완전히 꺼야 하며, 반드시 문밖으로 운반해놓아야 한다.

8) 대피활동과 인명구조법

가) 대피활동

① 당황하지 말고 침착하게 행동하도록 유도한다.
② 연기 속을 지날 때는 젖은 수건을 코와 입 가까이 가져간다.
③ 불이 타고 있는 곳을 판단하여 피난방향을 결정한다.
④ 화염에 싸였을 때는 침착하게 천이나 의류 등을 연결하여 창문을 통해 비상구 또는 이웃 건물 등으로 피난한다.
⑤ 당황하여 뛰어내리지 말고 옥상 등으로 대피하여야 한다.
⑥ 실내에 갇혀 있을 때에는 의복이나 기타 물건을 창밖으로 던져 사람이 있다는 것을 알리고 구조를 요청한다.

나) 인명구조법

① 인명탐색 중 사람을 발견했을 때는 생사여부를 확인한다.
② 부상자 발견시는 다친 상처에 유의하면서 신속히 안전한 곳으로 구출하여 즉시 병원으로 이송한다.
③ 인명구조를 위하여 옥내로 진입할 때는 로프·전지·갈고리·물수건 등을 휴대하고 계단·난간·벽체를 따라 진입하되 비상시 탈출구를 찾아놓아야 한다.
④ 고열유독가스 발생시는 함부로 들어가지 말고 창문 등을 부수어 공기를 소통시켜야 한다.
⑤ 막다른 곳이나 창문 근처, 화장실 계단입구 등에 중점을 두고 인명 색출을 해야 한다.
⑥ 구출된 환자는 응급조치 후 신속히 병원으로 후송한다.
⑦ 구조요원은 가급적 2인 1조로 활동한다.

(6) 보안관리 안전교육

1) 보안관리의 의의

사람이 상주하거나 보이는 곳에는 크고 작은 위험이 상존하고 있다. 그러나 위험이 사람에 의하여 이루어질 때 우리는 그것을 저지하거나 법에 의하여 처리하여 거주하거나 입주한 사람의 안전을 도모해야 할 것이다. 일반건물이나 공동주택에 있어서 방범 등 보안관리는 매우 중요하다.

다시 말하면 보안관리는 타인의 불법 침입이나 재물의 탈취, 또는 불법적인 행위에 대하여 적절히 대처하고 위난으로부터 신변과 재물의 안전을 도모하는 일련의 업무를 의미한다. 이러한 업무를 담당하는 근무자를 보안관리자 또는 경비원, 경비근무자라 한다.

2) 보안관리 대상

건물거주나 입주자의 안전을 해치는 사람의 행위나 물건, 또는 시설 등이 그 관리의 대상이 된다. 보안업무는 외부로부터 사람의 침입이나 차량의 진입 등으로 물건의 훼손을 방지하거나, 절도 · 강도 · 살인 등으로 인한 재물상의 불법적인 이탈을 방지하거나, 위험시설의 감시와 순찰로 시설물의 사고로부터 입주자나 사용자 및 건물자산 보호와 안전을 도모하는 업무이다.

결국 보안업무는 건물관리 최일선에서 직접 몸으로 사용자의 생명과 재산을 보호하는 기능을 담당하게 된다. 즉, 보안관리의 업무내용은 사용자의 생명과 재산을 안전하게 지키는 업무이다.

3) 보안근무 내용

앞에서 언급한 보안업무를 담당하는 자를 보안담당 근무자 또는 경비원이라 하고, 그 근무자가 자기 직분을 감당하는 행위를 보안근무 또는 경비근무라 한다. 보안근무의 종류에는 평상근무, 비상근무, 기타의 근무로 나누어지며, 그 내용은 대체로 다음과 같다.

가) 평상근무

평상근무는 일상근무라고도 하며, 비상근무 상태가 아닌 평소의 근무를 말한다. 평상근무의 종류에는 정위치 감시, 순회점검, 경보설비 감시, 대기근무, 야간근무, 비상사태 대비 훈련, 기타 출입자 감시, 출입차량 통제 등으로 나누어진다. 관리현장에 특별한 상황이나 사고가 없는 일상근무를 평상근무라고 한다.

① 정위치 감시

공동주택이나 일반건물의 현관과 출입구 등에 위치한 초소나 경비실에 배치되어 수상한 사람, 불량자, 물품의 반출, 불법주차 등에 관하여 감시하고, 각 경우마다 안전이나 질서유지에 문제점이 발생되지 않도록 적절히 대처해야 한다. 대처할 때 상대방의 물리적인 힘이 우세할 경우 호루라기나 전화, 또는 무전기로 관리사무소에 긴급지원 요청을 하고 인근 관할 경찰관서에 신고한다.

② 순회점검과 순찰

건물의 주위나 위험요소가 있는 시설 부근이나 방범이 취약한 곳, 우범 가능한 건물주변을 정기 또는 부정기로 순찰하고 점검한 뒤 위험시 경보의 작동이나 상태를 점검하고 범죄예방 기능을 하도록 한다. 특히 순찰근무시에는 야간인 경우, 전등이나 호루라기, 법으로 허용된 가스총, 무전기나 전화기를 휴대하고 순찰하는 것이 보안근무에 도움이 된다.

③ 경보설비 감시와 대기근무

화재경보 설비, 방범경보 설비 등 경비업무를 보완하는 감시경보 시설에 대하여 항상 감시하여야 하며, 경보기가 작동될 때 대비하는 근무를 대기근무라 한다.

④ 야간근무

주간이 아닌 야간 근무조에 해당하는 보안근무자가 건물 내외부의 순찰활동을 통하여 타인의 출입통제, 차량의 출입상황을 점검하고 통제하며 차량의 도난 등 방범활동을 하는 것을 말한다. 야간에 근무를 해야 하므로 수면 등 근무 제약요소가 많은 근무이기도 하다.

⑤ 비상사태 대비훈련

건물에 화재나 비상사태가 발생할 것을 대비하여 비상연락망, 비상연락 또는 보고훈련, 방화 대피로 및 제설비를 점검하고 응급사태에 대응하는 훈련을 말한다.

나) 비상근무

건물관리를 함에 있어서 경비원의 비상근무는 비상대응활동, 응급활동, 통보활동을 위해서 대비해야 한다.

다) 기타의 근무

① 내방객 안내

보안요원은 정위치 감시 근무시 내방객의 안내업무를 담당하게 된다. 단정한 복장, 예의바른 언어, 절도있고 친절한 행동이 요망되는 업무이다.

② 우편물 취급

공동주택의 경우 각 가정에 배달되는 우편물의 양이 많지 않지만 일반 임대용 건물인 경우, 입주회사의 업무 성격이나 규모에 따라 우편물의 양이 크게 차이가 나므로 일반 임대용 건물의 경우에는 우편함의 크기를 대·중·소로 나누어서 우편물의 물량에 따라 우편함을 배정하는 것이 편리하다.

대부분의 경우, 우편함의 크기는 일정하여 어떤 입주자의 경우에는 한두 통의 우편물이 배달되는 것에 그치나 어떤 입주자의 경우에는 매일 배달되는 우편물의 양이 엄청난 규모이므로 반드시 우편함을 구분제작하고 우편함의 위치도 고정하지 말고 이동할 수 있도록 제작하여 비치하는 것이 우편함 관리에 편리할 것으로 판단된다.

우편물의 기록관리는 공동주택의 경우 소수의 입주자(예 인기연예인)에게 특별히 배달되는 우편물(예 배달증명을 요하는 우편물)을 제외하고는 기록·유지하는 것은 실익이 없다.

③ 출입자관리

공동주택의 경우 출입자는 특별한 경우를 제외하고는 소수이다. 그러나 방범을 위해 출입자관리는 중요한 업무이다. 반드시 어느 층 어느 집을 방문하는지에 대하여 본인과 인터폰을 통해 확인이 필요하고, 불분명할 경우 주민등록번호나 차량번호를 필히 기록하여 문제발생에 대비하여야 한다(각실마다 출입보안장치가 있는 곳은 예외이다).

일반건물의 경우 공무 외의 상행위를 위하여 출입하는 출입자의 통제는 입주자 사후관리 차원에서 필요하다. 이들이 입주회사 등을 무단방문하여 물건을 강매하거나 세일즈하는 등 업무진행에 지장을 주는 행위는 출입자관리에 실패한 결과로서 입주회사의 항의로 연결되고, 결국은 다른 건물로 이전하는 결과를 가져와 임대경영목표 관리에 마이너스 영향을 초래하게 된다.

따라서 건물에 있어서 출입자관리는 건물의 이미지를 좋게 하거니와 동시에 건물의 이미지를 나쁘게 하는 이중성을 갖고 있다. 그러므로 출입자관리를 담당하는 보안 담당직원은 친절한 언어와 공손한 표정과 몸가짐으로 근무하되 불필요한 출입자를 통제함으로써 입주자를 도와주어야 할 것이다. 입주자의 특별한 요청이 있는 경우 그 대상은 적절히 출입을 원천봉쇄하여 원칙적으로 막아야 할 것이다. 경제사정의 변화로 쟁의가 발생하거나 외부로부터 집단항의나 데모 등으로 동원된 인원이 현관 전체를 점유하여 농성하거나 연좌하는 경우, 건물기능이 방해받게 되므로 관할 경찰관서에 유기적인 협조를 얻어 적절히 대응하여야 할 것이다.

④ 비상설비 점검

소화설비, 방화설비, 도난방지설비, 피난설비, 화재경보기, 차량도난방지기, 누전차단기, 가스누설경보기 등을 수시로 확인하여 항상 관리상태가 양호한지 살펴보고 문제점이 발견되는 즉시 필요한 조치를 취해야 할 것이다.

⑤ 파손 · 고장 부분 발견 및 처리

주요 설비의 영선업무는 영선보수팀의 업무이나 단순조작으로 제기능을 할 수 있는 고장은 즉시 처리하고 관계부서에 통보해야 한다.

⑥ 도난 또는 유실물 발견

도난품이나 유실물 발견시에는 신속하게 처리해야 하며, 필요한 경우 관할 경찰관서에 통보하여 처리에 협조해야 한다. 유실물 처리는 반드시 경비일지에 기록하고 사후관리해야 하며 처리결과도 기록 유지한다.

⑦ 일지작성과 업무 인수인계

경비근무는 특별한 경우나 규모가 작은 건물을 제외하고는 통상 2교대 근무제로 수행된다. 상번근무자(교대근무자)와 하번근무자(근무를 마치고 퇴근하는 근무자) 사이에는 반드시 그날 근무시간에 있었던 경비관련 사항을 기록하고 이를 경비근무 일지와 함께 정위치에서 인수인계하여야 한다.

경비업무는 계속성의 원칙이 적용되는 업무분야이므로 인수인계는 대단히 중요한 업무이다.

(7) 방범관리 안전교육

1) 방범관리의 의의

방범관리 업무는 넓은 의미에서 보안관리 업무에 포함되는 업무이다. 보안업무는 방범업무를 포함해서 관리현장에서 거주하고 있거나, 상주인원에 대한 안전과 당해 관리대상 건물과 이에 속한 재산과 상주인원에 속한 재산 등을 보호하는 업무이다. 이에 비하여 방범업무는 업무의 목적이 도난의 예방과 범인의 검거에 있고 이를 통하여 입주자나 임차인 등 상주인원에 속한 재산과 건물에 속한 재산을 보호하는 기능만을 담당하는 업무이다.

2) 방범근무 내용

방범근무의 목적은 도난사고를 사전에 예방하는 데 있는데 이를 위한 업무는 주로 순찰을 통하여 이루어진다. 순찰의 종류에는 정선순찰, 나선순찰, 요점순찰 등이 있다.

가) 정선순찰

특정한 사정을 고려하여 사전에 계획된 노선을 규칙적으로 순찰하는 방식이다. 이 방식은 범죄자가 순찰노선을 예상하는 단점이 있다.

나) 나선순찰

범죄발생 취약위치를 고려하여 불규칙적으로 순찰하는 방법이다.

다) 요점순찰

이미 선정되어 있는 취약지점에 한하여 순찰자가 반드시 그곳을 통과하도록 하는 방식이다. 그 외에는 순찰자가 임의로 순찰하는 방식이다. 이 방법은 정선순찰과 나선순찰의 장점을 살리면서 단점을 보완하는 순찰방법이다.

3) 방범요원의 복장과 장비

① 방범요원의 복장은 일반 입주자와 구별할 수 있는 복장이어야 한다.
② 입주자와 외부인에게 위압감을 주지 않는 복장이어야 한다.
③ 방범활동에 편리한 복장이라야 한다.
④ 야간에는 무전기 · 호루라기 · 곤봉 · 전등을 휴대하는 것이 좋다.

4) 입주자와 방범

① 공통주택의 전유부분의 구분소유자나 임대건물의 임대평수 점유자는 1차적 방범책임이 있다. 방범요원은 2차적 방범책임자임을 인식해야 한다.
② 공동주택의 경우 구분소유 주택 등에 대해서는 한 벌의 키만 존재하나 임대용 건물의 경우 보조키와 마스터키가 이중으로 된 두 벌의 키가 있다. 키의 관리는 공동주택의 경우 본인이 직접 관리하고 경비실에 보관시키거나 타인이 일시 관리하지 않도록 유의하여야 한다. 만일 외부 불손한 자가 침입하여 근무자의 방심한 틈을 타 키를 복제하는 경우 짧은 시간에 복제가 이루어지므로 후일에 도난과 직결됨을 유의하여야 한다. 일반건물의 경우에도 입주사 경리담당은 금고에 현금을 보관하거나 책상 서랍 등에 현금이나 귀중품을 두지 말고 별도 보관하는 주의가 요망된다.
③ 1층에 근무하는 경비요원은 4층에서 무슨 일이 일어나고 있는지 도저히 알 수가 없다는 점을 입주자에게 이해시켜 신고 등 협조를 구해야 한다.
④ 건물 경비요원은 사법권이 없는 관계로 의심이 간다고 무조건 검문할 수 없으므로 순찰 등 예방활동에 주력하는 입장을 이해시켜야 한다.
⑤ 공동주택이나 임대건물의 경우 수인의 경비근무자가 있는 관계로 자연히 방범이 잘될 것으로 믿고 정작 입주자(사용자 포함)는 등한시하는 경향이 있는데 입주자로 하여금 자체 방범정신을 평소에 고취시키는 노력이 필요하다.

5) 범죄신고

경비근무자는 관할 경찰서장이 실시하는 방범교육을 이수해야 한다.

① 범죄사실 발견 즉시 경찰관서에 신고하고 수사업무에 협조해야 한다. 필요한 경우 범인을 체포·인도한다. 경범죄에 해당하는 것은 체포·인도할 수 없다.
② 범죄자라 할지라도 부상당한 경우 의료기관에 후송하거나 연고자에게 연락을 취하며, 성범죄인 경우 피해내용에 대하여 비밀을 유지한다.
③ 도난이나 유실물에 관한 민원이 있는 경우 관리사무소에 신고하고 필요한 경우 경찰관서에 신고한다.

(8) 방재관리조직과 비상연락망 운영절차교육

건물의 규모, 성격, 시설설비의 종류, 입주자(입점자)의 업무내용 등에 따라 방재관리조직과 비상연락망 운영체제는 약간 상이하나 기본틀은 동일하다고 할 수 있다.
관리대상 건물의 형편에 따라 가감하여 활용하기 바란다.

1) 방재관리조직

방재관리조직은 [그림 4-1]과 같이 편성된다(대형빌딩).

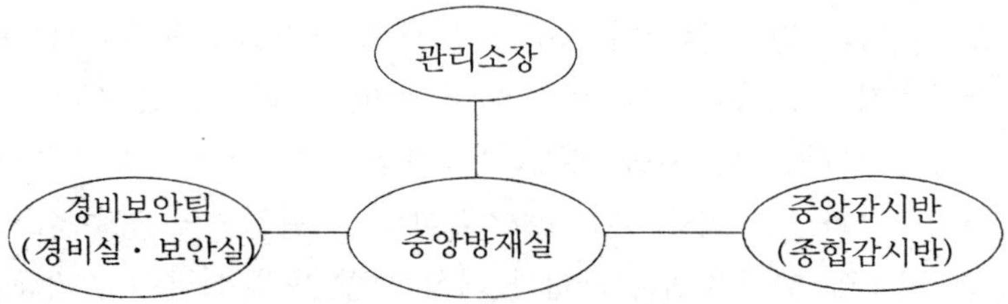

[그림 4-1] 방재관리조직

2) 사내 비상연락망체계

사내 비상연락망은 대체로 [그림 4-2]와 같다(야간에 비상이 걸리는 경우 관계책임자를 긴급 소집해야 한다). 부서담당자 전화번호, e-mail 주소 등을 작성, 비치해두어야 한다.

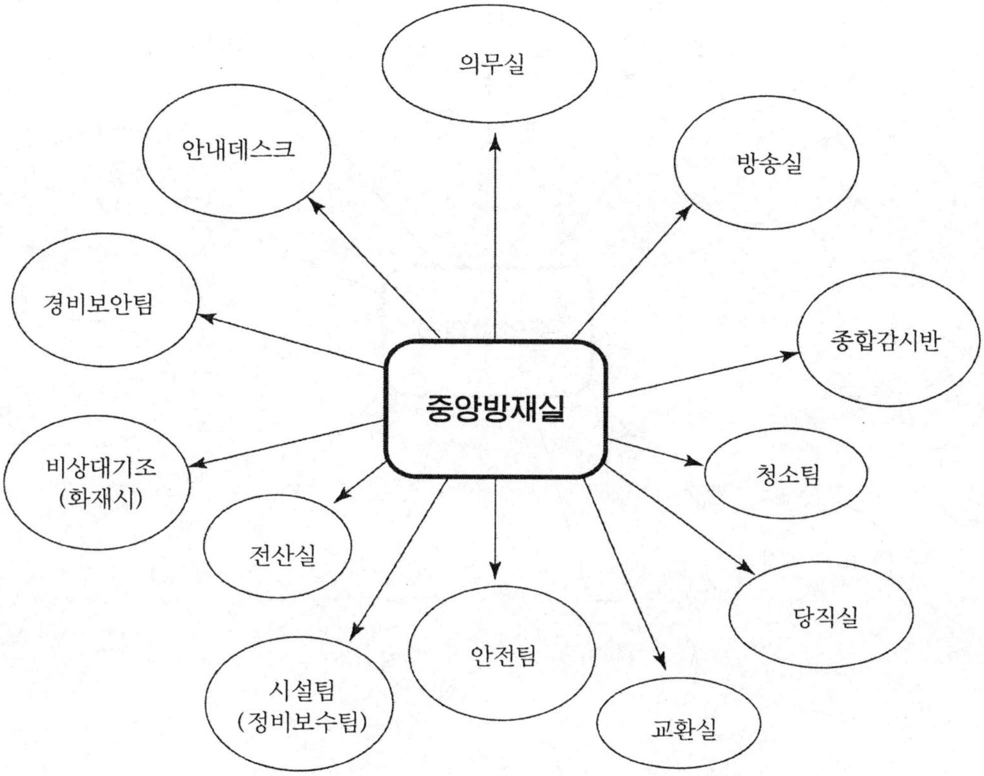

[그림 4-2] 사내 비상연락망 체계

3) 사외 비상연락망체계

사외 비상연락망 체계는 대체로 [그림 4-3]과 같다.

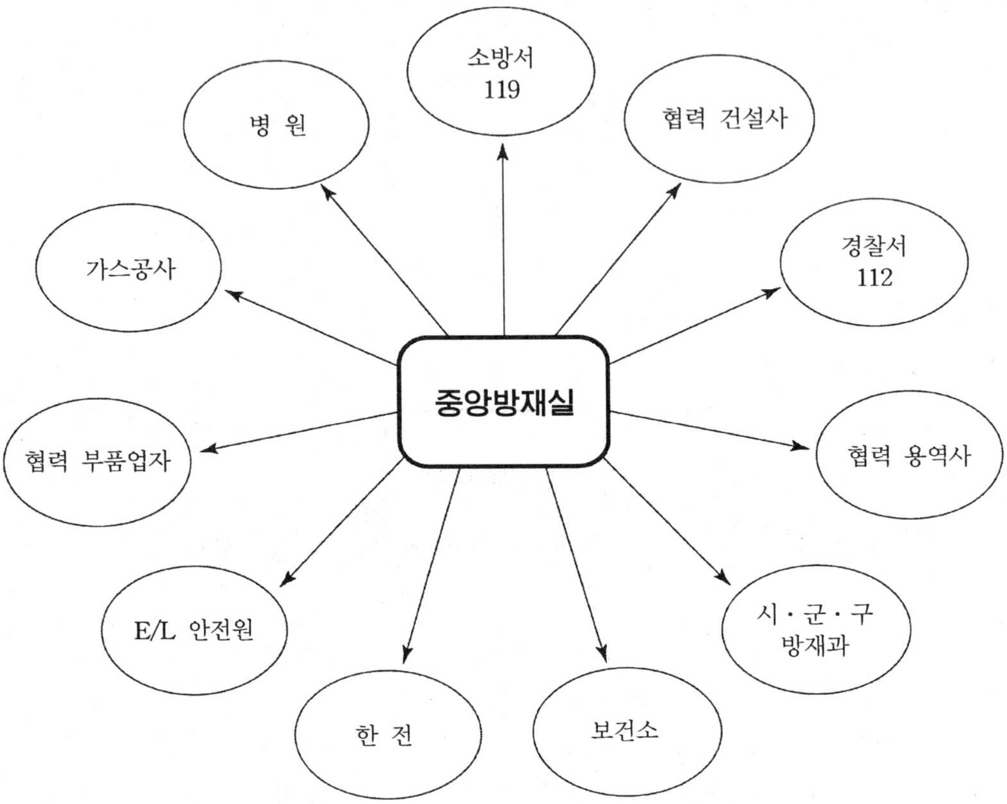

[그림 4-3] 사외 비상연락망체계

※**참고사항** : ① 사외 비상연락망과 사내 비상연락망을 표로 만들어 부착해두고 전산시스템화 하여 상황 발생시 즉각 자동적으로 비상방송 · 통보 · 조치해야 한다.

② 비상연락망(사내 및 사외) 체계도는 관리대상 건물의 규모 · 성격 등에 따라 다소 상이할 수 있다.

4) 비상상황 대처요령

비상상황이 건물내에 발생시 다음과 같이 긴급조치한다.

가) 화재발생시

① 비상연락망 가동

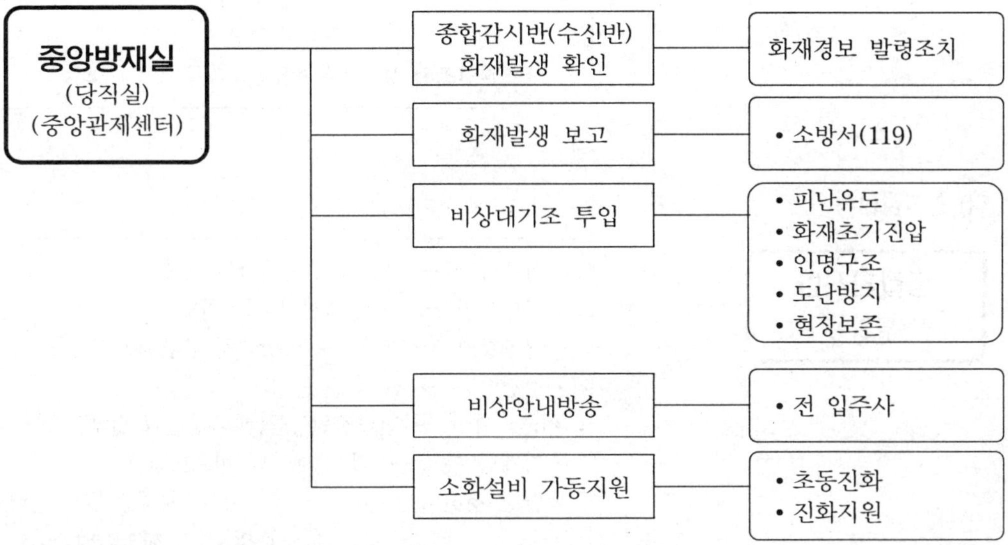

② 화재발생 초동단계 긴급조치 상황

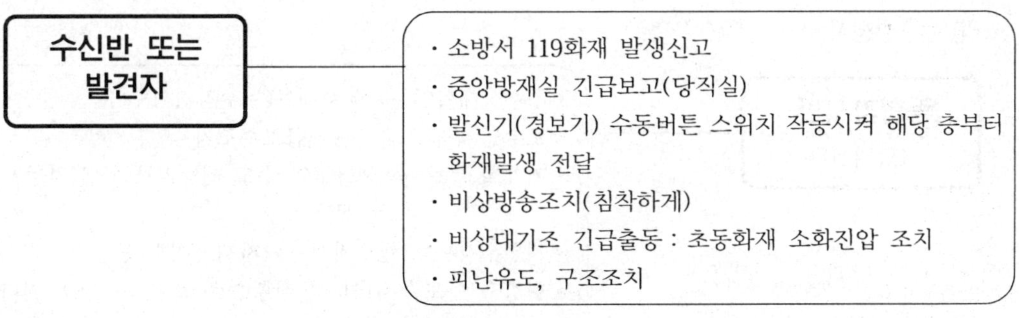

나) 엘리베이터 사고 발생시

E/L감시반

- 탑승자 확인 → E/L 사고경보(비상인터폰)
- 상황청취 및 안내방송 → 탑승자 안전유도
- 지원부서 긴급 호출 → 승객구조(탑승자 구조)
→ 긴급보수 및 확인
- 비상상황 종료 보고 → 중앙방재실
→ 부서장
- 사고원인조사 및 대책수립 → 최종보고

다) 전기정전시

종합감시반
(당직실)

- 정전확인 → 변전실 부하전력 제어조치
- 비상전원 on → 영업시설 점등확인
- 비상발기 긴급가동 → 비상전원 공급 및 확인
- 정전방송 → 전 입주사
- ups 확인 → 전산전원공급(배터리전원 절체)
- 기계팀 통보 → 각 기계관리 파트(part)
- 한전 정전비상 연락 → 정전시간, 재송전시간, 원인파악 및 정전 현황파악
- 최종보고 → 사장
→ 최고책임자

라) 누수발생시

종합감시반
(당직실)

- 누수상태확인 → 누수경보(누수검지기)
- 보수팀 긴급호출 → 긴급보수조치
- 기계실 통보 → 해당구역 수도 메인밸브 차단(자동·수동)
- 지원부서통보 협조지시 → 자재·청소 등
- 현장출동 보수 확인 및 상황종료 조치 → 청소 기타
- 해당 부서회의 → 원인조사분석 및 사후관리 대책수립
- 건물경영자 최종 보고 → 사장
→ 최고 부서책임자

3. 교육대상

건물안전의 문제는 방화관리자나 안전관리자 혹은 방재실장만의 문제가 아니라 관리종사자와 입주사・출입자 전체에 관계되는 문제이다. 그러나 안전관리를 포함한 관리업무를 협의의 관리체계 구성원인 관리종사자가 하게 되므로 적어도 관리종사자 전원에게는 안전관리교육이 정기적으로 실시되어야 한다. 특히 임시고용자, 신규채용자, 근무내용 변경자, 신규계약 담당자, 승진자, 교체된 신형장비 취급자, 위험・유해 업무종사자에게 특별안전교육이 필요하다.

또한 관리업무에 직접 참여하고 있는 용역회사의 관리종사자 전원에게도 부정기적으로 안전관리교육이 실시되어야 한다.

뿐만 아니라 입주사의 점포주인과 입주회사의 총무부장・총무과장 등에게도 건물안전교육을 부정기적으로 실시해야 한다.

4. 안전교육방법

전술한 바와 같이 위험을 방지하여 안전사고를 근본적으로 해결하기 위한 교육은 매우 필요하고 중요하다. 따라서 이 절에서는 교육의 방법에 대하여 설명하고자 한다.

(1) 교육 진행원칙

건물관리현장에서 하는 안전관리교육은 전문교육기관에서 하는 학교교육과 동일하게 교육할 수 없다. 그러나 안전성 확보라는 관리목표를 달성하기 위하여 최선의 준비와 노력을 하지 않으면 안된다.

특히 현장교육은 관리업무를 수행하면서 진행하는 교육이므로 교육시간이 제한되어 있고 관리근무자인 성인을 교육해야 하는데 따른 애로가 있다. 즉, 제한된 교육장소, 짧은 교육시간, 성인 교육대상, 정해진 교육내용 등 일반학교 교육 시스템과는 많은 차이가 있다. 또한, 교육여건이나 조건이 완비되지 못한 가운데 나이・학력・경력 등 천차만별의 성인을 상대로 교육하기 때문에 대단히 어려운 교육진행을 하게 된다.

이하 절에서 위험안전사고를 예방하기 위한 교육의 중점적인 내용과 원칙・방법・절차 등에 대하여 차례대로 기술하고자 한다.

1) 교육준비(준비의 원칙)

안전교육이 성공적으로 이루어지려면 교육자나 피교육자 모두가 사전준비가 완벽하게 되어야 한다. 즉, 교육자는 교재, 학습기기, 차트, 시간표 등을 사전에 준비하고 예습 숙지하여야 하며, 수업진행을 사전에 연구해두어야 한다. 그리고 피교육자는 수업을 받을 수 있는 마음의 준비(편안한 마음 상태)를 하고 학습교재도구를 갖추어 교육시간 전에 정위치하여야 한다. 특히 피교육자는 마음을 열고 학습의 의지를 갖추는 등 마음의 준비가 필요하다.

2) 비교교육 원칙(관련교육 원칙)

쉬운 것에서 어려운 것으로, 알고 있는 것에서부터 모르는 것으로, 단순한 것에서 복잡한 것으로 사례를 비교하거나 관련지어 실명하도록 해야 한다.

3) 참가의 원칙

교육이 성공하려면 참가하고 있는 피교육생 전원이 적극적이고 능동적으로 참가하는 것이 필요하다. 시각·청각 등 감각기관을 총동원하여 참가자측이 클수록 교육의 효과는 높게 나타난다. 특히 피교육자 등이 교육진행과정에 적극적으로 참여하게 되면 더욱 교육은 성공적으로 효과가 나타난다.

4) 반복의 원칙

학습의 효과를 높이려면 교육내용을 반복해야 한다. 그리고 정확한 내용을 사용할 수 있도록 반복하게 되면 기억에 오래 남게 된다.

5) 강화의 원칙

교육 분위기를 우호적이고 재미있게 하거나 즐겁고 유익하게 하면서 칭찬·장려·용기 등의 플러스면을 강조하고 좋은 반응이 나타나게 된다. 즉, 교육자는 피교육자를 강화해야 교육이 성공된다.

(2) 교육자 지침

건물관리현장에서 관리종사자들에게 안전교육을 성공적으로 실시하려면 교육자(강사·감독자)는 다음과 같은 교육자 지침에 합당해야 한다.

① 교육자 스스로 교육의 필요성을 깊이 인식하고, 교육내용을 숙지하고 교육도구 등을 준비한다.
② 교육의 목표를 미리 정한다.
③ 교육의 목표를 달성하는 데 있어서 어떻게 하는 것이 최선의 방법인지 생각하고 정한다.
④ 교육계획을 세운다.

⑤ 교육을 교육목표 달성을 위한 교육계획에 따라 재미있으되 알차게 효과적으로 실시한다.
⑥ 교육을 평가하고 분석한다.

교육자 지침을 보다 구체적으로 설명하면 다음과 같다.

1) 교육의 필요성과 교육대상

건물관리현장에서 안전교육의 필요성은 안전교육을 통하여 안전문제를 해결할 수 있다는 것에서 파악된다. 즉, 안전의 저해요소가 되는 위험을 분석하고, 그리고 안전교육의 위험관리이론대로 문제를 해결할 수 있는 필요성을 의미한다.

안전교육의 필요 대상은 다음과 같다.

① 임시고용자
② 신규채용자
③ 근무내용 변경자
④ 개정된 법률 규칙 담당자
⑤ 신규계약 담당자
⑥ 승진자
⑦ 교체된 신형 장비취급자
⑧ 위험·유해 업무종사자

특히 교육자가 교육의 필요성을 느끼는 과제는 다음과 같다.

① 안전규칙의 내용과 이행 방법
② 기계전기설비의 적절한 운전방법과 긴급시 대피방법
③ 공구의 사용방법
④ 근무 매뉴얼, 체크리스트(check-list), 기록양식의 작성방법
⑤ 정확한 근무절차와 금기사항(주의사항)
⑥ 위험물질 안전취급 방법
⑦ 긴급사고시·재해시 취하는 행동요령
⑧ 원료·재료의 정확한(안전한) 취급방법
⑨ 보호구의 사용방법
⑩ 시스템의 정확한 운전방법
⑪ 현장의 근무시 지시에 관한 손의 지시동작, 왜, 무엇, 노, 예스, 어떻게, 온(on),

오프(off) 등에 관한 손의 의사표시 방법

⑫ 작업시 사용물건과 못 쓰는 물건
⑬ 기초 소화방법
⑭ 사고 발생시 조사·대처·보고 방법
⑮ 사고시 응급처치 방법
⑯ 정리정돈 방법
⑰ 안전습관
⑱ 계약위험 사고사례
⑲ 건물관리관계법령 위험사례
⑳ 권리상실위험 사고사례
㉑ 경영위험 사고사례
㉒ 환경위험 사고사례
㉓ 보안위험 사고사례
㉔ 기술위험 사고사례

2) 교육의 목표

건물안전교육은 안전목표를 달성하기 위하여 실시한다. 즉, 건물 내에서 관리활동을 통하여 365일 1년 내내 한 건의 재해도 발생되지 아니하고 안전성이 확보되는데 피교육자가 공헌하도록 하는 교육목표 때문에 교육을 실시하게 된다. 이와 같은 교육의 목표는 곧바로 건물관리현장의 안전관리에 반영되고 성과가 나타나게 된다.

교육의 목표는 피교육자 중심으로 정해져야 한다. 즉, 피교육자가 언제, 무엇을 배워야 하고 어떻게 하면 피교육자가 이해를 하고 배운 것을 건물안전관리에 적용하여 안전성확보에 기여할 수 있는가를 목표로 삼아야 한다.

3) 교육목표 달성방법

이와 같은 교육의 목표를 달성하는 효과적인 교육의 수단과 방법은 대체로 다음과 같다.

① 강의
② 토의
③ 실습
④ 안전사례 연구(case study)
⑤ 실연

⑥ 안전 질의 응답
⑦ 안전규칙 암기 복창
⑧ 안전시험(safety test)
⑨ 1 : 1의 안전실습
⑩ 안전보고
⑪ 안전활동 역할연기
⑫ 안전영화 상연
⑬ 안전교재
⑭ 안전사고 현장 견학
⑮ 안전활동 실시 및 피드백(Feed back)
⑯ 위험장치 운전조작 시뮬레이션
⑰ 법률위험 사고사례 예시 및 강의
⑱ 경영위험 사고사례 예시 및 강의
⑲ 환경위험 사고사례 예시 및 강의
⑳ 보안위험 사고사례 예시 및 강의
㉑ 기술위함 사고예시 및 강의

특히 교육의 목표달성은 최소의 예산으로 최대의 교육효과(목표달성)를 얻는 데 초점이 맞추어져야 한다.

4) 교육계획 수립

교육계획은 관리현장의 여건을 참작하고 관리현장의 사정과 형편에 맞게 작성하되 활용 가능한 안전교육계획이 되어야 하며, 교육예산의 범위 내에서 최소의 경비지출로 최대의 교육효과가 나타나도록 계획되어야 한다.

교육계획에 반영되어야 할 내용은 다음과 같다.

① 교재계획
② 강사계획
③ 교육시간계획
④ 교육장소와 교육설비계획
⑤ 교육평가계획

5) 교육실시

교육을 실시하면서 피교육자의 이해 정도나 교육목표 달성 정도에 대하여 질문 등을 통하여 중간 점검한다. 이해의 정도가 미달되면 교육 난이도를 좀더 쉽게 조정한다. 목표에 도달한 피교육생에게는 이수증 또는 수료증을 각각 수여하여 수료에 대한 증거로 삼게 한다.

이와 같은 수료증은 다음과 같은 이유로 주도록 한다.

① 교육주체인 회사가 안전에 대하여 깊은 관심을 가지고 있음을 보여주기 위하여
② 피교육자의 안전동기 부여수단으로 하기 위하여
③ 수료증을 소지함으로써 피교육자가 자부심을 가지도록 하기 위하여
④ 일정한 자격을 인정하기 위하여
⑤ 수료증이 없는 자는 일정한 고가장비를 운전하거나 점검하지 못하게 하기 위하여
⑥ 기타 승진 등 수료자의 대우로 안전에 지속적인 관심을 갖도록 하기 위하여

즉, 수료증의 수여는 근무자로 하여금 자부심과 긍지를 갖도록 하여 계속해서 안전확보에 최선을 다하게 하는 데 목적이 있다.

교육자가 교육을 실시함에 있어서 반드시 유의해야 할 사항은 다음과 같다.

① 교육시설, 내용, 기타를 적절히 준비
- 난방
- 조명
- 환기
- 좌석 배치
- 명찰
- 필기도구
- 교재
- 강의 교육시간표
- 교실
- 교육도구
- 책상
- 의자

② 확실하게 전달
- 적당한 음성으로
- 참가자를 보고
- 적당한 속도 유지

- 이해하기 쉬운 단어 선택
- 사례 동원
- 도표 · 도해 · 차트 등 사용(이해용이)
- 이해 반응 점검(질문을 통해서)

③ 조화 강조

- 우호적 분위기
- 조소나 희롱은 금물
- 정각에 시작하고 정시에 종료
- 정직한 태도(모른 것은 모른다고 하고 다음에 연구해서 알려주겠다고 한다)
- 테마 유지
- 자랑 금물(학력, 경력, 지식 등)
- 편파 지양
- 교육태도가 양호하면 칭찬
- 협력 참가에 감사
- 질문에 친절한 답변

④ 모든 피교육자의 참가 촉구

- 비협조적인 피교육생에게 가벼운 질문으로 협조 유도
- 소수자 의견 보호
- 토의 독점자 자제 유도
- 질문이나 의견 방해 징후 포착 및 대응
- 참가에 감사 인사

6) 교육평가 및 분석

평가는 교육성과에 대하여 실시한다. 투입예산(input), 일정기간 처리 가능한 일의 양(through put), 교육성과(out put) 3과정 중 어느 것에 대해서 평가해도 상관없다. 일정기간 처리(through put) 평가는 참가자 전원에게 실시해야 한다.

평가는 다음의 4개 기준에 따라 실시한다.

① 반응(무기명으로 교육 프로그램에 대한 참가 반응)
② 지식(습득한 지식의 정도)
③ 행동(교육에 의해서 숙련도, 시험이나 작업성과 관찰)
④ 결과(조직활동의 효과[안전성]에 대해서 측정)

특히 결과는 문서에 의해서 기록·보존한다.

(3) 위험교육방법의 종류와 내용

위험교육방법에는 여러 가지가 있으나 건물관리의 특성상 유효한 교육방법만을 소개하면 다음과 같다.

1) 위험예지 훈련방법

건물관리대상별로 무엇이 위험이며 어떤 상태가 되면 어떤 위험이 나타나는가에 대하여, 즉 관리활동 중에 숨어 있는 위험(잠재된 위험)과 생성될 미래위험을 예측하게 하거나 예단케 하는 교육훈련 방법이다.

관리현장에서 관리대상 설비나 작업환경 또는 근무환경에서 위험을 판단하게 하는 훈련방법이다. 즉, 관리활동 중의 어느 점이 위험이며, 어디에 있으며, 위험의 포인트는 무엇이고, 귀하의 경우에는 위험을 어떻게 처리하며, 그리고 모든 위험관리는 이렇게 하자는 식의 교육훈련방법이다.

위험예지 훈련방법은 위험을 알리고 관리하는 데 매우 효과가 큰 교육방법이며, 관리근무자 등 전원이 참여하려면 치밀한 준비가 필요하다. 이와 같은 위험예지훈련은 기술적 위험을 중심으로 경영위험·환경위험·법률위험·보안위험 모두에 적용·실시할 수 있는 훈련방법이다. 위험예지훈련은 담당업무팀별로 짧은 시간에 사전에 준비된 교안과 도표에 따라 실시하되 예지훈련자(leader)는 사전에 충분히 교육목표를 세우고 내용을 숙지하는 등 준비를 해야 한다.

2) TBM 교육방법

TBM 교육방법이란 Tool Box Meeting의 의미로 직장안전관리회의를 의미한다. 즉 관리활동 중에 공구 상자(tool box)나 테이블 부근에 모여 감독자와 근무자가 대화를 통하여 재해방지에 관하여 전원 토의하는 교육방법이다.

이 방법은 5~10분간 작업 또는 관리활동 전에 안전에 대하여 확인하고 실행케 하는 데 공헌을 할 수 있는 교육방법이다.

TBM 진행방법은 작업자(근무자)를 모이게 하고, 의견을 제시케 하거나 끌어내고, 정리 또는 종합하는 식으로 진행하는 것이 효과적이다.

3) 지적확인 교육방법

지적확인운동이란 건물관리현장에서 기술관리영역에서 필요한 기술성·운전·절차·정비방법, 기술적 돌발사고에 대한 대처방법과 경영·행정 분야에서 요구되는 전문성에 대하여 근무자의 착오나 오작동 또는 실수를 방지하여 근무와 작업의 정확도를 높이는 교육방법이다.

다시 말하면 위험이 예상되는 작업, 위험이 잠재되어 있는 계약이나 업무 등에 2-3초간의 짧은 시간에 순간적으로 큰소리로 지적하여 관리근무자나 작업자의 대뇌에 자극되어 정확하게 인식되어 처리할 수 있는 상태를 만들어 기술성과 전문성의 실수나 하자 등을 만들지 않게 하는 운동이다.

4) SD 교육방법

SD란 Self Developing의 약자로 스스로 능력을 개발하는 교육방법이다.

오늘날의 직장은 일과 업무의 추진을 위하여 참여하는 모든 근로자와 근무자에게 고도의 지식과 정보를 요구하고 있다. 즉, 새로운 능력을 요구하고 있다. 자기 직무에 대응할 수 있는 판단능력, 리더십, 영어, 컴퓨터 등 다양한 능력을 요구하고 있으므로 근무자에게 계속적인 자기 개발이 요구된다.

지나간 직장생활에서 터득한 지식과 정보 및 경험은 새롭게 전개되는 직업·일에 도움이 되지 못할 때 근무자는 직장에서 자의든 타의든 도태당하게 된다. 따라서 근무자는 직장(관리현장)에서 적응하고 발전하기 위하여 여가시간을 활용, 부단한 자기 개발에 노력해야 한다. 특히 건물관리소장의 관리자는 건물관리환경의 변화에 능동적으로 대처·적응하기 위하여 영어, 컴퓨터, 리더십, 인간관계, 경영, 법률, 기술 등에 대한 연구와 공부가 필요하다.

5) OJT 교육방법

OJT란 On the Job Training의 약자로 작업이나 근무를 하면서 직장의 업무나 일을 가르치고 전수시키는 교육방법이다.

OJT 교육방법이 성공하려면 직장상사가 유능한 교사의 자질이 있어야 하고 충분한 교육준비를 갖추어야 한다. 또한 OJT 교육방법은 작업이나 근무를 병행하면서 교육을 실시하므로 직장의 소음, 산만함 등으로 교육효과가 잘 나타나지 않으나 현장근무 초보자에 대한 교육방법으로는 매우 효과적이다. 건물관리종사자의 교육은 대부분 OJT에 의하여 직무교육이 실시되어왔다. 따라서 실무는 알되 관리이론은 다소 부족한 형편에 처해 있다. 향후 제도권 대학에서 OFF.J.T 교육방법을 통하여 건물관리에 관한 이론 공부를 보다 구체적으로 실시되기를 희망한다.

OJT는 개인을 교육대상으로 실제 작업환경 속에서 해당하는 내용만 교육하는 것으로 소음·산만 등 방해요소가 많은 교육훈련방법이다.

6) OFF.J.T 교육방법

OFF.J.T란 Off the Job Training의 약자로 특정한 교육장(교실)에서 직장을 벗어나 실시되는 교육방법이다. 강사가 여러 명의 교육대상자에게 집체적으로 강의, 기타 방법을 통하여 지식과 정보를 전달하는 교육방법이다. 동시에 여러 명에게 집중적으로 교육을 실시할 수 있는 장점이 있으나 현장감이 없고 교육자의 자질이 낮을 경우 크게 교육효과는 나타나지 않는다. 건물관리 이론교육에는 매우 좋은 교육방법이라 판단된다.

OFF.J.T 교육은 그룹을 대상으로 다양한 교육을 실시할 수 있으며 교육환경이 비교적 방해받지 않으며 교육환경이 인공적이라는 특징이 있는 교실중심의 교육훈련방법이다.

제4절 무재해운동

1. 무재해운동의 의의

무재해운동이란 산업안전보건법상에 해당되는 각 사업장, 근무하는 작업자나 근무자가 신체적 상해나 상해를 입힐 수 있는 위험요소(위험원)를 없애는 안전운동을 의미한다.

2. 무재해운동의 목적

무재해운동은 다음과 같은 내용을 목적으로 한다.

① 관리사업장 전원이 참가하여 무재해운동을 통하여 무재해·무질병을 실현하여 인간존중의 이념을 구현하고 종국적으로 무재해 산업 사회를 창조한다.
② 무재해운동을 통하여 생산성 향상, 원가절감, 품질향상, 업무의 효율화, 에너지 절약, 비용절감을 통하여 기업경영을 개선한다.
③ 무재해운동을 통하여 경영자, 관리자, 관리감독자로 관리근무자 등 전원이 참여하여 직장의 안전과 보건을 취하고 재해를 방지하여 직장의 안전화와 명랑화를 유도한다(무재해 3무 원칙).

3. 무재해운동의 효과

무재해운동의 효과는 다음과 같다.

① 경제적 손실을 방지한다.
② 기업경영이 크게 개선된다.
③ 노사화합이 달성된다.
④ 이직률이 줄고 유능 인력을 장기간 고용하여 인력수급이 안정된다.
⑤ 경제성 · 안전성이 확보된다.
⑥ 직장 분위기, 사기, 인간관계가 크게 개선된다.
⑦ 작업자, 근로자, 근무자가 마음놓고 일할 수 있다.
⑧ 산업재해가 방지되고 근로자의 질병방지 등으로 건강하게 직장생활이 가능하다.
⑨ 설비투자의 효율화와 설비가동을 극대화할 수 있다.
⑩ 생산성이 크게 개선된다.
⑪ 고품질의 관리 서비스가 창출된다.
⑫ 건물의 경우 관리종사자뿐 아니라 입주자(사용자)도 안심하고 건물을 장기간 사용할 수 있다.
⑬ 궁극적으로 기업의 번영이 보장, 약속된다.
⑭ 품질향상과 명랑한 근무환경이 조성된다.

4. 무재해운동의 본질

무재해운동의 본질이란 ① 사망재해(사망), ② 휴업재해(폐질, 불구, 4일 이상 중상해), ③ 불휴재해(경상해), ④ 잠재위험(아차사고, 불안전한 행동, 불안전한 상태[위험원]) 등의 위험을 발견하여 사전에 예방대책을 수립함으로써 산업재해의 근절을 의미한다. 즉, 참여 근로자 전원이 무재해 무질병하게 하여 인간이 존중되고 궁극적인 무재해 산업사회를 구현하는 것이 무재해운동의 본질이다.

5. 무재해운동의 3원칙

무재해를 달성하기 위한 원칙에는 다음과 같은 3가지 원칙이 있다.

(1) 무(無)의 원칙

사망재해, 휴업재해, 불휴재해, 잠재위험 요인까지 사전에 위험원을 제거한다는 원칙이다.

(2) 선취(先取)의 원칙

무재해, 무질병의 직장을 구현하기 위하여 여러 가지 위험요인을 활동(작업, 근무) 전에 예지 · 발견 · 파악 · 해결(제거)하여 재해를 예방 · 방지하는 원칙을 말한다.

(3) 참가(參加)의 원칙

무재해를 통한 안전과 건강을 확보하기 위해서는 전원이 참가해야 한다는 원칙이다.

6. 무재해운동 추진준비

무재해를 달성하려면 다음과 같은 추진 준비가 구축되어야 한다.

① 무재해운동의 지침 · 규정 제정
② 추진조직(추진체제) 구성
③ 무재해 소집단편성
④ 무재해 계획수립

7. 무재해운동의 실시

무재해운동은 무재해운동의 기본이념인 3무 원칙을 통한 무재해이념(인간존중)과 무재해기법 및 무재해실천 등의 3위 1체가 되어 추진되어야 한다.

무재해운동의 시행은 다음과 같은 절차로 진행된다.

① 무재해운동의 개시 선포(전원참석 선포식 거행 선언, 결의문 낭독, 무재해기 게양)
② 개시보고(각 소그룹별 목표달성 서면 통보, 무재해 기록판 부착)
③ 무재해 시간일수 게시

④ 무재해운동 적극 추진

8. 무재해운동의 기법

무재해추진 기법이란 재해예방방법이나 수단을 의미한다. 무재운동기법의 종류는 약 60여 종류의 기법이 있으나 주요 기법을 소개하면 다음과 같다.

① 지적확인기법
② 위험예지기법
③ 위험예지 4라운드(4R) 진행방법
- 1단계 : 현상파악(무엇이 위험인가?)
- 2단계 : 본질추구(이것과 저것이 위험이다)
- 3단계 : 대책수립(귀하는 이 위험을 어떤 방법으로 해결하겠습니까?)
- 4단계 : 목표설정(우리 모두는 이와 같은 방법으로 위험을 해결하자)

④ tool box meeting 기법
⑤ BGM 위험예지기법
⑥ 5C 활동기법
- 복장단정(correctness)
- 정리정돈(clearance)
- 청소청결(cleaning)
- 점검확인(checking)
- 전심전력(concentration)

⑦ touch and call 기법
⑧ 안전제안제도 기법
⑨ 재해사례집 발간 기법
⑩ 재해예방 가정통신문 기법
⑪ 안전의 달(날) 행사 기법
⑫ 캠페인(campaign)기법
⑬ 합동안전진단 기법
⑭ 혹서기(혹한기) 안전 특별활동 기법
⑮ zero 운동 기법
⑯ 안전수칙제도 기법

⑰ S-T-O-P 기법
⑱ 3분안전 specch 기법
⑲ 안전당번제도기법
⑳ 동기부여기법
㉑ 안전표창기법
㉒ THP기법(Total Health Promotion plan)
㉓ 자율안전 당직제도 기법 등

9. 산업재해위험 제거방법

(1) 위험제거 5단계 원칙

산업재해는 위험원(위험요인)과 사고발생 조건을 없애므로(제거함으로써) 위험방지가 가능하다. 이와 같은 방법을 위험제거방법이라 한다.

위험제거방법은 다음과 같은 5단계를 거쳐 위험을 제거하게 된다.

① 제거(R1) : 대체, 작업방법 변경
② 격리(R2) : 칸막이 설치(안전막), 자동화, 원격조작
③ 방호(R3) : 방호장치
④ 보강(R4) : 보호구 착용, 도구장비 사용
⑤ 대응(R5) : 안전한 위치, 자세확보, 안전한 행동

(2) 위험관리카드 활용

위험작업(활동) 전에 다음과 같은 산업재해위험관리카드를 활용하면 위험제거에 도움이 된다.

산업재해위험관리카드

<table>
<tr><td>일 시</td><td colspan="2"></td><td>소속부서</td><td colspan="2"></td></tr>
<tr><td>작업명칭</td><td colspan="2"></td><td>성 명</td><td colspan="2"></td></tr>
<tr><td colspan="6">위험은 우리의 생명과 재산을 앗아갑니다. 그러므로 우리 모두 위험을 방지합시다.</td></tr>
<tr><td>1</td><td colspan="2" rowspan="2">예상되는 사고는?</td><td>2</td><td colspan="2" rowspan="2">무엇이 위험원인가?</td></tr>
<tr><td></td><td></td></tr>
<tr><td>3</td><td colspan="5">무엇이 사고발생조건인가?</td></tr>
<tr><td>①</td><td colspan="2"></td><td>③</td><td colspan="2"></td></tr>
<tr><td>②</td><td colspan="2"></td><td>④</td><td colspan="2"></td></tr>
<tr><td>4</td><td colspan="5">위험방지대책은?</td></tr>
<tr><td rowspan="2">제거</td><td>대체</td><td colspan="4"></td></tr>
<tr><td>작업방법의 변경</td><td colspan="4"></td></tr>
<tr><td rowspan="2">격리</td><td>울, 칸막이 설치</td><td colspan="4"></td></tr>
<tr><td>자동화, 원격조작</td><td colspan="4"></td></tr>
<tr><td rowspan="2">방호</td><td>방호장치 설치</td><td colspan="4"></td></tr>
<tr><td>덮개, 후드 설치</td><td colspan="4"></td></tr>
<tr><td rowspan="2">보강</td><td>도구, 장비 사용</td><td colspan="4"></td></tr>
<tr><td>보호구 착용</td><td colspan="4"></td></tr>
<tr><td rowspan="2">대응</td><td>안전한 위치,
자세 확보</td><td colspan="4"></td></tr>
<tr><td>안전행동기준
제정, 이행</td><td colspan="4"></td></tr>
</table>

제5장 건물자산안전점검과 정밀안전진단

제1절 안전점검과 정밀안전진단의 개념
제2절 안전 및 유지관리계획의 수립과 보고
제3절 안전점검 및 정밀안전진단의 실시
제4절 안전진단전문기관

제1절 안전점검과 정밀안전진단의 개념

1. 안전점검과 정밀안전진단의 의의

안전점검이란 건축물을 포함한 기타 시설물에 대하여 경험과 기술을 갖춘 자가 점검 기구 또는 육안 등에 의하여 검사를 실시함으로써 시설물에 내재되어 있는 위험 요인을 조사하는 행위를 의미하며, 안전점검 결과 구조상에 중대한 결함이 발견되어 공중의 안전을 해할 위험성이 있는 경우 정밀안전진단을 실시해야 한다.

정밀안전진단이란 건축물을 포함한 기타 시설물에 대하여 기능적·물리적 결함을 발견하고 적절하고 신속한 조치를 취하기 위하여 구조적 안전성 및 결함의 원인 등을 조사·측정·평가하여 보수 보강에 필요한 활동을 의미한다.

안전점검은 시설물의 유지관리 단계에서 시설물에 대한 관리활동을 통하여 시설물의 기능을 보전하고 이용자의 편의와 안전을 높이기 위하여 시설물을 일상적으로(정기적으로) 점검하고 손상된 부분을 원상복구하며, 경과시간에 따라 요구되는 개량·보수·보강에 필요한 활동을 의미하는 시설물 유지관리개념에서 정기적으로 실시되는 개념이다. 이를 통하여 시설물의 구조상 안전을 위협하는 위험이 발견되는 경우 반드시 정밀안전진단을 실시하여 그 결과에 따라 안전조치(보수, 보강, 철거, 사용중단, 사용제한 등)를 취해야 한다.

즉, 시설물에 대한 위험관리에 있어서 단계적 업무진행을 보면 첫 단계는 안전점검 단계요, 두번째 단계는 정밀안전진단 단계이며, 마지막 단계는 안전조치 단계이다.

2. 안전점검과 정밀안전진단의 법적 근거

안전점검과 정밀안전진단 실시의 법적 근거는 시설물의 안전관리에 관한 특별법(법 제6조, 제7조, 제8조), 동시행령, 동시행규칙과 건설교통부고시 제1999-409호인 시설물의 안전점검 및 정밀안전진단지침이다.

3. 적용대상

안전점검과 정밀안전진단의 대상은 시특법과 안전점검 및 정밀안전진단지침의 적용대상을 의미하는 것으로 시특법 시행령 제2조에 따라 1종 시설물과 2종 시설물 및 기타 행정기관의 장이 직권으로 지정한 1 · 2종 시설물에 한하여 적용된다.

시특법상 안전점검 및 정밀안전진단 대상시설물의 범위는 다음과 같다.

시설물이란 건설공사를 통하여 만들어진 구조물 및 그 부대시설로서 도로, 철도, 하천, 댐, 상 · 하수도, 건축물, 항만 등으로 7개 분야로 구분하며, 건축물의 경우 중요도 및 규모에 따라 다음과 같이 1종 시설물과 2종 시설물로 구별한다.

전체 시설물의 범위는 <표 5-1>과 같다.

(1) 1종 시설물(건축물)

공중의 이용편의와 안전을 도모하기 위하여 특별히 관리할 필요가 있거나 구조상 유지관리에 고도의 기술이 필요한 시설

- 21층 이상의 공동주택 · 건물 또는 연면적 5만m^2 이상의 건축물 등

(2) 2종 시설물(건축물)

1종 시설물 외의 시설물로서 일반적인 유지관리 및 안전점검이 필요한 시설

- 16층 이상 20층 이하의 공동주택 · 건물, 연면적 3만m^2 이상의 건축물, 연면적 5,000m^2 이상의 다중이용 건축물

(3) 기타 지정 시설물

상기 시설 외에 구조적 안전성 및 결함의 정도를 판단한 결과 공중에 위해를 끼칠 우려가 있다고 인정하여 공공기관 등에서 요청한 시설이거나 직권에 의하여 관계 행정기관의 장이 1 · 2종 시설물로 지정한 시설물을 말한다.

<표 5-1> 시특법상 1종 시설물과 2종 시설물의 범위

구 분	1종 시설물	2종 시설물
1. 도로 ① 교량 ② 터널 ③ 지하차도 ④ 복개구조물	 특수교(사장 · 현수 · 아취교) 500m 이상 1,000m 이상, 3차선 이상 연장 500m 이상의 지하차도 폭 6m 이상으로서 연장 500m 이상인 복개구조물	 100m 이상 고속국도, 국도, 특별 · 광역시도 터널 연장 100m 이상의 지하차도 폭 6m 이상이고 연장 10m 이상인 복개구조물
2. 철도 ① 고속철도 ② 도시철도 ③ 일반철도 ④ 교량 ⑤ 터널	 교량 · 터널 및 역사 교량 · 고가교 및 터널 500m 이상 1,000m 이상	 역사 100m 이상 특별 · 광역시 소재 터널
3. 항만	갑문시설 및 5만톤급 이상 계류시설	1만톤급 이상 계류시설
4. 댐	다목적댐, 발전용댐, 저수용량 2천만톤 이상 용수전용댐	지방상수도 전용댐
5. 건축물 지하도상가	21층 이상 공동주택 · 건축물, 연면적 5만m^2 이상 건축물 연면적 1만m^2 이상의 지하도상가	16층 이상 20층 이하 공동주택 · 건축물, 연면적 3만m^2 이상 건축물, 연면적 5천m^2 이상의 문화 및 집회시설, 판매 및 영업시 연면적 5천m^2 이상의 지하도 상가
6. 하천	하구둑, 특별 · 광역시소재 직할 하천의 수문	특별 · 광역시소재 직할 하천, 제방 등
7. 상하수도	광역상수도, 공업용수도, 40만m^2 이상 폐기물 매립시설	지방상수도, 하수처리장, 20만m^2 이상 폐기물 매립시설

4. 안전점검 및 정밀안전진단 실시목적

시특법에 의한 안전점검 및 정밀안전진단을 실시하는 목적은 특정시설물(1종 시설물과 2종 시설물)에 대하여 안전관리주체(공공관리주체와 민간관리주체)의 책임으로 점검 등을 실시하여 시설물을 이용하는 공중의 안전확보에 있다.

5. 안전점검 및 정밀안전진단의 관리주체

공중의 안전성 확보를 위하여 안전점검과 정밀안전진단을 실시하는 관리주체는 공공관리주체와 민간관리주체로 다음과 같이 분류된다.

(1) 공공관리주체

① 국가
② 지방자치단체
③ 정부투자기관
④ 지방공기업
⑤ 한국공항공단(대통령령에 의거)
⑥ 부산교통공단(대통령령에 의거)
⑦ 한국콘테이너 부두공단(대통령령에 의거)
⑧ 농지개량조합(건설교통부령에 의거)

(2) 민간관리주체

공공관리주체 이외의 자로서
① 소유자
② 소유자로부터 관리계약을 체결한 관리책임자(개인, 단체, 법인, 조합)
③ 공공관리주체로부터 관리위탁(계약)을 체결한 관리책임자(개인, 단체, 법인, 조합 포함)

6. 점검 및 진단방법

안전점검과 정밀안전진단 방법을 관리주체에 의하여 전문가에게 의뢰하여 주기적인 점검 및 진단실시와 유지관리하는 방법에 의하여 다음과 같이 실시된다.

(1) 점 검

① 정기점검 : 연 2회
② 정밀점검 : 2년마다 1회(단, 건축물은 3년, 수중항만 시설은 4년)
③ 긴급점검 : 필요시

(2) 정밀진단

① 점검결과 이상 발견시
② 1종 시설물은 준공 10년 경과시 매 5년마다 실시(단, 상태양호시 차기 1회 실시 면제가능)

(3) 유지관리(안전조치)

사용제한, 사용금지, 철거 등의 안전조치와 보수보강

7. 안전점검 및 정밀안전진단의 전문기관

안전점검과 정밀안전진단 전문기관은 다음과 같다.

(1) 안전점검

① 관리주체(기술자 보유시)
② 안전진단전문기관
③ 유지관리업체

(2) 정밀안전진단

① 안전진단전문기관
② 시설안전기술공단

(3) 유지관리

시설물 유지관리업자

8. 안전진단 및 정밀안전진단의 실시기간

진단 및 정밀진단의 의무실시기간은 해당 시설물(1종 · 2종 시설물)의 준공시부터 수명이 다할 때까지이다.

9. 관리주체의 의무

관리주체의 의무는 다음과 같다.

① 유지관리계획서 작성
② 점검
③ 진단실시
④ 유지관리 및 보고

(1) 보 고

1) 공공관리주체

① 주무부장관 → ② 건교부장관

2) 민간관리주체

① 시장, 군수, 구청장 → ② 시, 도지사 → ③ 건교부장관

10. 시특법상 벌칙

시특법상 벌칙이란 시특법 등에 규정된 의무를 고의 또는 과실로 이행하지 않을 경우 시설물 안전관리에 관한 특별법에 의하여 부과되는 벌칙과 과태료를 의미하며 그 내용은 <표 5-2>와 같다.

<표 5-2> 시특법상의 벌칙

처벌대상	구분	행위내용	벌칙내용
관리주체	벌칙	① 안전점검 및 정밀안전진단을 실시하지 않거나 성실히 수행하지 아니하여 공중의 위험을 발생케 한 자 및 시장, 군수, 구청장의 사용제한 등 조치명령을 이행치 않아 공중의 위험을 발생케 한 자	10년 이하 징역
		② 업무상 과실의 경우	· 5년 이하의 징역, 금고 또는 5천만원 이하의 벌금
		③ 사람을 사상에 이르게 한 경우	· 무기 또는 3년 이상 징역
		④ 업무상 과실로 사람을 사상에 이르게 한 경우	· 10년 이하 징역, 금고 또는 1억원 이하 벌금
	과태료	① 설계도서 등 관련서류를 보존치 않은 자 ② 정밀안전진단을 불성실하게 한 자 ③ 안전점검을 불성실하게 한 자 ④ 점검결과 중대한 결함이 있을 시 행정기관에 통보하지 않은 자 ⑤ 행정기관의 장이 명령한 사용제한 등 안전조치를 이행치 않은 자 ⑥ 점검이나 진단시 설계서 등의 사본교부 요청에 응하지 않은 자	2년 이하의 징역 또는 2천만원 이하 벌금 1억원 이하 과태료 300만원 이하 과태료
점검 또는 진단 실시자	벌칙	① 점검 또는 진단을 성실히 수행치 아니하여 공중에 위험을 발생하게 한 자	10년 이하 징역
		② 업무상 과실의 경우	· 5년 이하의 징역, 금고 또는 5천만원 이하의 벌금
		③ 사람을 사상에 이르게 한 경우	· 무기 또는 3년 이상 징역
		④ 업무상 과실로 사람을 사상에 이르게 한 경우	· 10년 이하 징역, 금고 또는 1억원 이하의 벌금
		① 진단기관으로 등록하지 않고 업무를 수행한 자 ② 사위 또는 부정한 방법으로 등록을 받은 자 ③ 영업정지 중에 영업을 한 자 ④ 직무상 알게 된 비밀을 누설, 도용한 자	2년 이하 징역 또는 2천만원 이하 벌금
	과태료	① 점검·진단 결과를 관리주체에게 통보하지 않은 자 ② 장부 미비치, 검사의 거부·방해	300만원 이하 과태료
기타	벌칙	① 양벌규정(공중에 위험을 발생케 한 자)	법인 또는 개인인 사용자 10억원 이하 벌금
		② 양벌규정(기타 벌칙규정에 해당하는 자)	법인 또는 개인인 사용자에게도 벌금 병과

제2절 안전 및 유지관리계획의 수립과 보고

1. 계획수립과 보고

1종 및 2종 시설물에 대한 안전 및 유지관리계획은 매 5년마다 관리주체는 시설물별로 안전 및 유지관리계획을 수립하고 시행해야 하며, 매년 3월 15일까지 다음과 같이 보고해야 한다.

(1) 공공관리주체 보고

① 3월 15일까지 주무부처의 장에게 보고한다.
② 4월 15일까지 건설교통부장관에게 보고해야 한다.

(2) 민간관리주체 보고

① 3월 15일까지 시장, 군수, 구청장에게 보고한다.
② 3월 31일까지 시도지사에게 보고해야 한다.
③ 4월 15일까지 건설교통부장관에게 보고해야 한다.

보고사항에 대하여 유의할 사항은 시장, 군수, 구청장은 제출한 계획에 대하여 시행여부는 연 1회 이상 확인해야 하고, 그 결과는 건설교통부장관에게 보고해야 하며, 안전 및 유지관리계획에 대한 시행여부의 확인사항과 조치내용은 시도에 보고할 때 함께 제출한다는 점이다.

2. 안전 · 유지관리계획에 포함되어야 할 사항

안전 · 유지관리계획에 포함될 사항은 다음과 같다.

① 시설물별 안전 및 유지관리체계
② 시설물의 적정한 안전 및 유지관리를 위한 조직 · 인원 및 장비의 확보에 관한 사항, 안전점검 및 정밀안전진단의 실시에 관한 사항
③ 안전점검 및 정밀안전진단의 실시에 관한 사항
④ 안전 및 유지관리에 필요한 비용 및 예산의 확보에 관한 사항

⑤ 긴급사항 발생시 조치체계에 관한 사항

⑥ 시설물의 설계·시공·감리 및 유지관리 등에 관련된 설계도서의 수집 및 보존에 관한 사항

⑦ 시설물별 안전 및 유지관리실적(전년도 시행실적을 포함)에 관한 사항

3. 시설물안전관리 업무체계

시특법상 안전관리업무는 <표 5-3>과 같이 진행된다.

<표 5-3> 시설물안전관리 업무체계

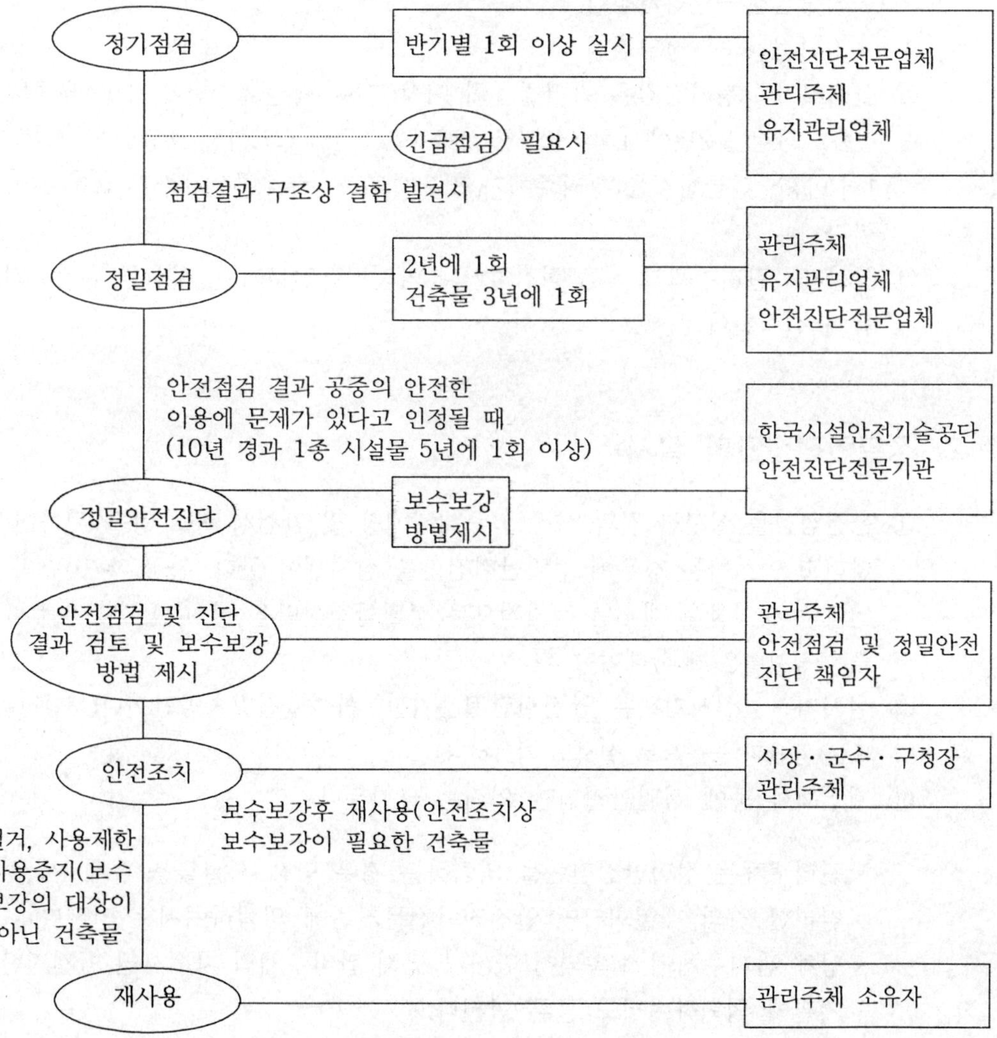

제3절 안전점검 및 정밀안전진단의 실시

1. 안전점검의 실시

① 시설물의 기능 및 안전을 유지하기 위하여 안전점검 및 정밀안전진단 지침(법 제13조 참조)에 따라 정기점검, 정밀점검 및 긴급점검으로 구분하여 실시해야 하고 1999. 1. 29 법 개정시에 용어 변경은 다음과 같이 변경되었다.
- 일상점검 → 정기점검
- 정기점검 → 정밀점검

② 실시시기 : 정기점검은 반기별 1회 이상(공동주택은 주택법에 의한 안전점검으로 갈음), 점검은 2년에 1회 이상(단, 건축물은 3년에 1회 이상, 수중항만시설은 4년에 1회 이상), 긴급점검은 관리주체가 필요시 또는 관계행정기관의 요청시에 실시한다.

③ 실시자 : 관리주체가 직접 점검하거나 안전진단전문기관, 시설물 유지관리업자 등이 실시한다.

2. 정밀안전진단의 실시

① 안전점검을 실시한 결과 시설물의 재해예방 및 안전성 확보 등을 위하여 필요하다고 인정하는 경우에 정밀안전진단을 실시해야 한다. 완공 후 10년이 경과된 1종 시설물은 매 5년 정기적으로 정밀안전진단을 실시(단, 공동주택 및 폐기물 매립시설은 제외)해야 한다.

② 실시기관 : 실시기관은 안전진단전문기관, 시설안전기술공단이다(해당전문기관 또는 공단과 공동으로 실시도 가능하다).

③ 계열회사 등에 정밀안전진단 의뢰는 금지된다.
- 관리주체는 정밀안전진단을 의뢰하는 경우 당해 시설물을 설계, 시공 또는 감리한 자의 계열회사인 안전진단전문기관에 의뢰하여서는 안된다.
- 당해 관리주체에 소속되어 있거나 당해 관리주체의 자회사인 안전진단전문기관에 의뢰하여서도 물론 안된다.

• 다만, 공공관리주체가 전문기술이 필요하여 다른 진단전문기관이나 공단이 실시할 수 없다고 인정하는 경우는 예외이다.

④ 정밀안전진단 실시의 면제 : 관리주체는 정밀안전진단을 실시한 시설물이 안전점검 및 정밀안전진단 지침에 의한 평가결과 그 안전상태가 양호(상태등급 A, B급)한 것으로 인정되는 경우, 다음 1회에 한하여 정밀안전진단 실시를 면제할 수 있다.

3. 안전점검 및 정밀안전진단

(1) 안전점검 및 정밀안전진단 실시자의 의무

안전점검 및 정밀안전진단 실시자의 의무는 다음과 같다.

① 건설교통부장관이 작성하여 고시한 안전점검 및 정밀안전진단 지침에 따라 성실하게 업무를 수행해야 한다.

② 실시자는 지체없이 그 결과를 관리주체에게 통보하며, 시설물에 중대한 결함이 있는 경우 시장·군수에게도 통보해야 한다.

③ 관리주체는 중대한 결함이 있다고 통보받을 때에는 이를 즉시 관계행정기관의 장에게 통보해야 한다.

④ 중대한 결함이란 건축물의 경우에는 기둥, 보 또는 내력벽의 내력상실 등으로서 시행령 제12조 및 같은 법 시행규칙 제9조에 명기된 내용의 경우와 이에 해당된다.

⑤ 안전점검 및 정밀안전진단 실시시기와 자격요건을 다음과 같다(<표 5-4> 참조).

⑥ 안전점검 및 정밀안전진단을 실시할 수 있는 책임기술자는 건설교통부장관이 인정하는 안전점검 및 정밀안전진단 교육과정을 이수하여야 한다.

⑦ 책임기술자가 갖추어야 할 자격에 대하여는 시특법시행령 제7조 <별표 2>를 참조해야 한다.

<표 5-4> 안전점검 및 정밀안전진단 실시시기 및 자격요건

종 류	실 시 시 기	자 격
· 정기점검 (1 · 2종)	· 반기별 1회 이상	· 기사1급 이상의 자격자 · 기사2급으로서 3년 이상 경력자 · 위 동등 이상의 학력 · 경력자 등
· 정밀점검 (1 · 2종)	· 2년에 1회 이상 · 건축물은 3년에 1회 이상 · 수중 항만시설은 4년에 1회 이상	· 기술사 · 기사1급으로서 7년 이상 경력자 · 위 동등 이상의 학력 · 경력자 등
· 정밀안전진단	· 안전점검 결과 필요시 · 10년이 경과된 1종 시설물은 5년에 1회 이상	· 기술사 · 기사1급으로서 10년 이상 경력자 · 박사로서 3년 이상 경력자 · 동등 이상의 학력 · 경력자 등

(2) 안전점검 및 정밀안전진단의 대가

안전점검 및 정밀안전진단의 대가는 시설안전기술공단에서 건설교통부장관의 승인을 얻어 정하고, 건설교통부장관이 승인하고자 할 때에는 재정경제부 장관과 협의하며, 이를 승인한 때에는 그 내용을 고시해야 한다.

(3) 비용의 부담

안전점검 및 정밀안전진단에 소요되는 비용은 관리주체가 부담해야 한다. 단, 하자담보기간 내에 시공자의 귀책사유로 인한 경우는 시공자가 부담한다.

4. 한국시설안전기술공단

① 정밀안전진단 및 그와 관련된 기술의 연구 · 개발 · 보급 등의 업무를 담당하기 위하여 공단을 설립(1995. 4. 19)할 수 있다.

② 1종 시설물 중 주요 시설물에 대한 진단을 전담하여 실시(510개를 대상으로 300개 이내의 범위에서 건설교통부 장관이 고시)한다(영 제8조, 제25조~제32조).

5. 안전점검 및 정밀안전진단 지침

① 건설교통부 장관은 안전점검 및 정밀안전진단의 실시방법, 절차 등에 관한 지침을 관계부처의 협의를 거쳐 작성하여 이를 관보에 고시해야 한다(법 제13조).

② 지침에 포함할 사항은 다음과 같다.

- 안전점검 및 정밀안전진단에 필요한 설계도면, 시방서, 사용재료 내역 등 시공관련자료의 수집 및 검토
- 안전점검 및 정밀안전진단 실시자의 구성
- 안전점검 및 정밀안전진단계획의 수립 · 시행
- 안전점검 및 정밀안전진단 장비
- 안전점검 및 정밀안전진단 항목별 점검방법
- 사용재료의 시험
- 안전점검 및 정밀안전진단 결과의 평가
- 안전점검 및 정밀안전진단 결과보고서의 작성
- 육안검사에 의한 결함의 종류, 보고방법 및 평가방법 등
- 결함부위의 확정방법
- 시설물의 결함원인 분석
- 시설물의 상태에 관한 평가기준 및 평가방법
- 시설 하중내하력의 평가방법

제4절 안전진단전문기관

1. 안전진단전문기관의 등록

① 시설물의 안전점검 및 정밀안전진단을 하고자 하는 자는 건설교통부장관에게 안전진단전문기관으로 등록을 하여야 한다.
② 소정의 기술인력 및 장비 등을 갖추어 신청하고 필요한 경우 그 내용을 신고해야 한다.
③ 안전진단전문기관의 등록요건은 다음과 같다.
④ 안전진단전문기관이 지켜야 하는 사항 등은 다음과 같다.

- 1년 이상 휴업하거나 재개업 또는 폐업하고자 하는 경우에는 신고하고, 건설교통부 장관은 폐업신고를 받은 때에는 등록을 말소해야 한다.

• 진단기관은 자기의 명칭 또는 상호를 사용하여 다른 사람에게 안전점검 및 정밀안전진단을 하게 하거나 안전진단전문기관 등록증을 대여하여서는 안 된다.
• 건설교통부 장관은 진단기관에 대하여 그 업무에 관한 보고를 하게 하거나 관련서류를 검사할 수 있다.
• 안전점검 및 정밀안전진단 업무를 수행하는 자는 업무상 알게 된 기밀을 누설하거나 도용하여서는 안 된다.

<표 5-5> 안전진단전문기관의 등록요건

자본금	기 술 인 력	장 비
1억원 이상	· 토목 · 건축 · 건설안전분야 기술사 등 2인 이상 · 토목 · 건축 · 건설안전분야 기사1급 등 3인 이상 · 토목 · 건축분야 석사 이상 등 3인 이상	· 공통 : 비디오카메라 등 1 · 2종 · 교량 및 터널, 수리시설, 항만, 건축 분야별 장비

(단, 중복 수행코자 할 경우 기술인력[기술사 제외] 중 1/2범위 안에서 중복이 인정된다.)

2. 결격사유 및 취소요건

① 안전진단전문기관 등록 금지요건은 다음과 같다.
• 금치산자 또는 한정치산자
• 파산선고를 받고 복권되지 아니한 자
• 이 법을 위반하여 징역 이상의 형을 받고 그 집행이 종료되거나 집행이 면제된 날로부터 2년이 경과되지 아니한 자
• 안전진단전문기관의 등록이 취소된 후 2년이 경과되지 아니한 자
• 이 법에 의한 징역형의 집행유예선고를 받고 그 집행유예 기간 중에 있는 자
• 임원이 위 조건에 해당하는 자가 있는 법인

② 안전진단전문기관 등록의 취소 또는 1년 이내의 영업정지 요건은 다음과 같다.
• 사위 기타 부정한 방법으로 등록을 한 때
• 최근 2년간 2회의 영업정지처분을 받고 새로이 영업정지처분에 해당하는 사유가 발생한 때
• 결격사유에 해당하게 된 때. 다만, 법인의 임원 중 6월 이내에 당해 임원을 개임한 때에는 그러하지 아니하다.
• 타인에게 자기의 명칭 또는 상호를 사용하게 하거나 안전진단전문기관 등록증을 대여한 때
• 영업정지처분을 받고 그 영업정지기간 중에 새로이 안전점검 또는 정밀안

전진단을 실시한 때
- 기술인력 및 장비 등 등록요건에 미달하게 된 때
- 최근 2년간 2회의 시정명령을 받고 새로이 시정명령에 해당하는 사유가 발생한 때
- 안전점검 또는 정밀안전진단업무를 성실하게 수행하지 아니함으로써 시설물의 손괴 또는 구조상의 중대한 결함을 야기하여 공중의 위험을 발생시킨 때
- 안전점검 및 정밀안전진단을 실시할 자격이 없는 자에게 안전점검 또는 정밀안전진단업무를 수행하게 한 때
- 다른 행정기관으로부터 법령의 규정에 의하여 영업정지 등의 요청이 있는 때

안전진단전문기관의 등록취소시는 청문을 실시(법 제36조)해야 한다.

3. 행정처분 후의 업무수행

안전진단전문기관이 등록의 취소 또는 영업정지처분을 받은 경우 그 처분을 받기 전에 수행하던 안전진단업무는 계속하여 수행이 가능하다. 단, 발주기관은 30일 내 계약해지가 가능하다.

4. 시설물의 안전조치

(1) 사용의 제한 등 안전조치

① 관리주체는 1·2종 시설물의 구조상 공중의 안전한 이용에 미치는 영향이 중대하여 긴급한 조치가 필요하다고 인정되는 경우 사용제한, 사용금지, 철거 등의 조치를 취하고 관계행정기관의 장에게 통보해야 하며, 관계행정기관의 장은 이를 공고해야 한다(법 제14조).

② 시장·군수·구청장은 민간관리주체가 관리하는 시설(16층 이상의 공동주택 또는 연면적 5만m^2 이상 건축물과 다중이용 건축물은 5천m^2 이상)에 대하여 구조상 공중의 안전한 이용에 미치는 영향이 중대하여 긴급한 조치가 필요하다고 인정한 때에는 사용제한 등의 조치를 명할 수 있으며, 사전에 관리주체에게 통보하여야 한다. 이 경우 명령을 이행하지 않는 때에는 행정대집행법에 의한 대집행이 가능하다.

(2) 설계도서 등의 보존의무 등

① 시설물의 설계자 및 시공자는 설계도서 등 관련서류를 관리주체 및 시설안전기술공단에 사본과 자기 디스크로 제출하고, 관리주체와 시설안전기술공단에서는 이를 보관해야 한다. 이 경우 구조상 주요부분의 보수・보강의 경우도 준용한다.

- 철근콘크리트 구조부 또는 철골 구조부
- 건축법 제2조 제6호의 규정에 의한 주요 구조부
- 기타 구조상 주요부분

② 국방 기타 보안상의 기밀을 요하는 시설물에 대하여는 공공관리주체의 요구가 있을 경우 설계도서 등을 시설안전기술공단에 제출하지 않을 수도 있다.

<표 5-6> 설계도서 등 관련서류의 종류, 제출시기 및 보존기간

구 분	1종 및 2종 시설물
설계도서 등 관련서류의 종류	・준공도면 ・준공내역서 및 시방서 ・구조계산서 ・기타 시공상 특기한 사항에 관한 보고서 등
제출시기	준공 후 3개월 이내 관리주체 및 시설안전기술공단에 제출
보존기간	시설물 존속기간

(3) 건설공사 부실방지를 위한 조치

시설물은 기능・경제적 측면 및 환경과의 조화를 고려하여 공중의 위험을 발생시키지 않는 안전한 구조를 가지도록 설계・시공 및 감리되어야 한다.

5. 시설물의 유지관리

(1) 시설물의 유지관리방법

① 시설물은 관리주체가 직접 유지관리하거나 유지관리업자에게 유지관리하게 할 수 있다. 다만, 300세대 이상의 공동주택, 승강기가 설치된 150세대 이상의 공동주택, 중앙집중 난방방식으로서 150세대 이상의 공동주택은 공동주택관리령에 의하여 유지관리해야 한다.

② 관리주체는 하자담보 책임기간 내에는 당해 시설물을 시공한 자로 하여금 유

지관리하게 할 수 있다.

③ 시설물의 유지관리에 소요되는 비용은 관리주체가 부담하고, 시설물의 유지관리를 하는 자는 성실하게 그 업무를 수행하여야 한다.

(2) 시설물유지관리업 등록에 관한 사항

① 시설물유지관리업의 등록

- 시설물 유지관리업은 시특법에서 근거를 삭제하고 건설산업기본법상의 시설물 유지관리업으로 등록한 자를 활용하고 있으며,
- 이 업을 하고자 하는 자는 기술인력, 자본금, 장비 등 등록요건을 갖추어 시・도지사에게 등록하고
- 유지관리는 반드시 관리주체 또는 유지관리업자가 실시하도록 하였으나 공동주택의 경우에는 주택관리업자도 참여할 수 있으며, 시공자도 시공한 당해 시설물에 대하여 유지관리할 수 있다.

<표 5-7> 시설물유지관리업 등록기준

자본금	기술능력	장 비
3억원 이상	토목・건축분야의 기술자 4인 이상	・균열측정기 등 육안기구 ・콘크리트 피복측정장비 ・음파・초음파에 의한 측정장비 등 점검장비

② 시설물 유지관리업자의 상호, 명칭 또는 사무소 소재지 등을 변경할 경우에는 해당 시・도지사에게 신고하고, 계속하여 1년 이상 휴업하거나 폐업하고자 하는 때에는 그 사실을 신고하면 등록을 취소한다.

부 록

본 부록은 시설물(1종 시설물과 2종 시설물)의 유지관리와 안전관리에 필요한 내용을 규정한 지침 및 표준양식을 수록하여 관련업무에 참고로 활용하도록 하였다.

1. 시설물의 안전점검 및 정밀안전진단 지침
2. 정기안전점검 표준양식
3. 정밀안전진단 표준양식

1. 시설물의 안전점검 및 정밀안전진단 지침

<건설교통부고시 제1999-409호. '99. 12. 27>

제1장 서 론

1.1 목 적

이 지침은 시설물의안전관리에관한특별법(이하 "특별법"이라 한다) 제13조 및 같은 법 시행령 제13조에서 위임된 안전점검 및 정밀안전진단(이하 "점검 및 진단"이라 한다)의 실시에 관한 필요한 사항을 정하여 시설물의 기능과 안전을 유지하고 재해 및 재난의 예방을 목적으로 한다.

1.2 적용범위

이 지침은 특별법 제2조제2호 및 제3호와 같은 법 시행령 제2조의 별표 1에 해당되는 시설물에 적용한다.

1.3 용어의 정의

- 시설물관리체계 : 시설물의 점검, 유지관리, 기능회복과 교체를 위하여 안전관리 비용 및 시기를 최적화하기 위하여 계획된 체계
- 상태평가 : 노후화 및 결함의 정도를 포함한 시설물의 상태를 평가한 결과
- 안전성평가 : 현장조사를 통하여 수집된 자료를 기초로 하고 기존 시설물의 설계도를 이용하여 기존시설물의 내하력을 평가하는 행위

제2장 시설물관리일반

2.1 일 반

관리주체는 적정한 점검·진단 및 유지관리를 위하여 소관 시설물에 대하여 일관성 있고 정확한 기록 및 자료를 보존하여야 한다.

시설물관리대장은 부록에 수록된 서식을 표준으로 향후 전산기법을 이용한 시설물관리체계에 의하여 시설물의 유지관리를 할 수 있도록 작성하여야 하며, 여기에는 시설물의 점검 및 진단, 보수·보강을 포함한 모든 항목을 기록하여야 한다.

2.2 시설물관리에 필요한 자료

관리주체는 시설물의 관리에 필요한 다음에 명시된 서류 등을 보존하여야 한다.

1. 설계도서

- 시공도서 : 시공도면, 보수 · 보강도면, 구조계산서, 수리시설물의 수문계산서
- 제작 및 작업도면 : 붕괴유발부재를 포함한 시설물부재의 상세도면
- 준공도면 : 최종 도면
- 시방서 : 공사시방서

2. 사 진

- 정면 및 측면
- 주요 결함부위
- 주요 시공 사진

3. 품질관리 관련자료

- 재료증명서 : 시공재료의 종류, 등급, 품질을 기록한 공장 재료증명서
- 품질시험기록
- 재하시험 자료 : 현장재하시험

4. 시설물관리대장

부록에 수록된 시설물관리대장

2.3 점검 및 진단자료

1. 일 반

시설물의 점검 및 진단자료는 점검 및 진단시마다 그 결과에 따라 변경될 수 있으며 필요한 경우 제3장의 절차에 따라 수행된 점검 및 진단의 결과와 더불어 각 시설물 자료에는 다음 점검사항을 포함시켜야 한다.

- 사용제한사항
- 부대시설물
- 환경조건(시설물의 내구성과 안전에 영향을 주는 조건)
- 기타(최고수위 등)

2. 점검 및 진단자료의 갱신

시설물관리대장에는 점검 및 진단 결과에 의해 수행된 주요 보수 · 보강작업에 대하여 기록하여야 한다.

2.4 상태 및 안전성 평가자료

1. 일 반

전반적인 시설물의 상태와 내하력을 정의하고, 평가는 시설물관리대장항목과 점검 및

진단자료를 기본으로 하며, 포함될 자료는 다음과 같다.

- **상태 평가자료**

  시설물의 관찰된 상태, 유지관리 또는 사용제한사항 등을 포함한 시설물에 대한 상태평가결과를 보관하여야 한다.

- **안전성 평가자료**

  시설물에 대한 안전성을 평가하기 위하여 채택된 평가방법의 종류, 해석결과에 대한 설명을 포함하여야 하며, 모든 조사결과 및 계산기록을 보관하여야 한다.

- **계측결과 평가자료**

  계측이 필요하다고 인정되는 시설물(특수교량, 터널, 댐 등)에 대하여는 위치 및 개소를 선정하여 정기적으로 계측을 시행하고 그 기록을 보관하여야 한다.

2. 변화된 상태에 따른 내하력 재평가

유지보수나 개량작업으로 인한 부재의 강도나 고정하중의 변화가 구조물의 상태 또는 내하력을 변화시키는 경우 내하력을 다시 계산하여 보관하여야 한다.

제3장 안전점검 및 정밀안전진단

3.1 일 반

점검 및 진단의 목적은 시설물의 현 상태를 판단하여 상태평가 및 안전성평가의 기본자료를 제공하며, 시설물상태와 노후화 정도에 대한 지속적인 기록의 제공, 그리고 보수 및 성능회복 작업의 우선순위 등을 결정하기 위함이다.

관리주체는 특별법 제4조의 규정에 의한 소관시설물별로 안전 및 유지관리계획을 수립하여 체계적이고 일관성 있는 점검 및 진단이 실시될 수 있도록 하여야 한다.

성공적인 시설물의 점검 및 진단을 위해서는 적절한 계획과 기법, 필요한 장비의 확보 그리고 책임기술자를 포함한 점검자의 경험과 신뢰성이 필요하며, 보이는 결함의 발견은 물론이고 발생가능한 문제의 예측까지도 포함시켜야 한다. 그러므로 점검 및 진단은 정확해야 할뿐만 아니라 예방적 차원에서의 시설물의 과학적 관리체계의 개발을 위하여 수행되어야 한다.

점검 및 진단계획과 기법 선정시 다음 사항이 고려되어야 한다.

① 점검 및 진단계획을 수립함에 있어 각 시설물에 대한 특수한 구조적 특성을 이해하여 특별한 문제가 없는지 검토하여야 한다.

② 점검 및 진단 중에는 최신기술과 실무경험이 적용되도록 해야 한다.

③ 점검 및 진단의 빈도 및 수준은 구조형식과 부위 그리고 붕괴가능성에 따라 정해

야 한다.

④ 점검 및 진단의 책임기술자는 법에 의하여 정해진 자격기준에 따라 선정되어야 한다.

3.2 안전점검 및 정밀안전진단의 종류

1. 정기점검

정기점검은 경험과 기술을 갖춘 자에 의한 세심한 육안검사 수준의 점검으로서 시설물의 기능적 상태를 판단하고, 시설물이 현재의 사용요건을 계속 만족시키고 있는지 확인하기 위하여 필요한 관찰로 이루어진다.

점검자는 시설물의 전반적인 외관형태를 관찰하여 심각한 손상・결함의 가능성을 발견할 수 있도록 세심한 주의를 기울여야 하며, 이상이 발견되는 경우 즉시 보고하여야 한다.

2. 초기점검

초기점검은 시설물관리대장에 기록되는 최초로 실시되는 정밀점검을 말한다. 신설 시설물의 경우는 준공 후 6월 이내에 시행토록 한다. 또한 구조형태가 변화되었을 때에도 초기점검이 필요하다.

초기점검은 특별법 시행령 제7조 별표 2의 정밀점검의 책임기술자로서의 자격을 갖춘 자에 의하여 수행되어야 하며, 필요한 경우 내하력에 대한 해석적 계산을 실시한다.

초기점검의 목표는 첫째로 특별법에서 요구하는 시설물관리대장 및 평가자료 그리고 관리주체가 수집하는 관련자료를 얻기 위함이며, 둘째로 구조물상태의 판단 및 구조물의 문제점 또는 문제가능성이 있는 구조부위를 확인하고 기록하는 것이다.

도면의 사전 상세검토를 통하여 붕괴유발부재 또는 부위에 대하여 주의를 기울여야 하며, 추후 특별한 주의를 필요로 하는 사항에 대하여 점검기간 중에 평가하여야 한다. 또한, 초기점검시는 이후 실시되는 점검 및 진단시 평가에 필요한 초기치와 기초자료를 제시할 수 있도록 하여야 하며, 육안검사시 결함이 있는 경우에는 도면으로 기록하여야 한다.

3. 정밀점검

정밀점검은 계획된 정기적 점검으로서 시설물의 현 상태를 정확히 판단하고, 최초 또는 이전에 기록된 상태로부터의 변화를 확인하며 구조물이 현재의 사용요건을 계속 만족시키고 있는지 확인하기 위하여 필요하고 면밀한 육안검사와 간단한 측정기구에 의한 측정으로 이루어진다.

면밀하고 지속적 감시가 필요한 시설물 부위는 사전현장조사 및 안전성 평가를 위한 구조해석 및 구조계산을 통하여 결정한다. 지속적인 감시가 필요한 부위의 점검은 항3.8

에 따라 수행되어야 하며, 감시부위의 육안검사 결과는 도면으로 기록되어야 한다.

정밀점검결과는 사진 및 유지관리 혹은 보수기록, 그리고 필요한 경우 정밀안전진단 계획에 관한 사항과 함께 보관하여야 한다. 구조상태 및 외력의 조건이 변화되어 안전성 평가에 영향을 주는 경우에는 필요한 구조해석 및 구조계산을 다시 하여 보관하여야 한다.

정밀점검에는 시설물의 상태평가 및 내진설계 여부 판단과 필요시 시설물의 안전성 평가가 포함된다.

4. 긴급점검

① 손상점검

손상점검은 비계획적인 점검으로서 재해나 사고에 의해 비롯된 구조적 손상을 평가하는 것이다. 점검의 범위는 긴급한 사용제한이나 사용금지의 필요성이 있는지의 판단과 보수를 수행하는데 있어 필요한 작업량의 정도를 결정할 수 있어야 한다. 신속하게 하중제한 등 사용제한여부를 결정할 수 있도록 현장에서의 계산능력이 필요하다. 손상점검은 정밀점검의 보완수단으로 손상의 정도와 보수의 긴급성 그리고 보수작업의 규모를 파악할 수 있어야 하며, 시험장비에 의한 현장측정 및 사용제한기간에 대한 해석이 필요하다.

② 특별점검

특별점검은 관리주체가 판단하여 행하는 정밀점검 수준의 점검이다. 이 점검은 기초침하 또는 세굴과 같은 결함이 의심되는 경우나, 하중제한 중인 시설물의 지속적인 사용여부를 판단하기 위한 점검으로서 점검시기는 결함의 심각성을 고려하여 결정한다.

5. 정밀안전진단

정밀안전진단을 위한 점검은 정밀점검 과정을 통해서는 쉽게 발견하지 못하는 결함부위를 발견하기 위하여 행해지는 정밀한 육안검사 및 검사측정장비에 의한 측정을 포함하는 근접점검이다.

필요한 경우 교통통제를 하여야 하며, 시설물하부 점검용 접근장비, 비계, 작업선과 같은 특수장비 및 잠수부와 같은 특수기술자가 필요하다.

결함의 유무 및 범위에 대한 확인이 필요한 때에는 비파괴 현장시험과 기타 필요한 재료시험을 병행하여야 한다. 육안검사 결과는 전체 구조물의 표면에 대하여 도면에 기록하여야 하며, 구조물 전체에 대한 조사결과 분석 및 상태평가가 포함되어야 한다.

정밀안전진단에서는 노후화 또는 손상정도에 따라 구조물의 성능이나 잔존수명을 평가하기 위한 안전성 평가가 포함되어야 한다. 안전성 평가를 위하여 시설물의 안정과 내하력, 내진성 등을 결정하는 데 필요한 조사나 시험을 실시할 수 있다.

정밀안전진단 결과 보수·보강이 필요한 경우에는 보수·보강방법을 제시하여야 한다.

3.3 안전점검 및 정밀안전진단 실시 빈도

관리주체는 소관시설물에 대하여 특별법 시행령 제6조 및 제9조의 규정에서 정한 한도 내에서 일정주기를 정하여 정기점검·정밀점검 및 정밀안전진단을 실시하여야 한다. 동사항은 관리주체가 소관시설물별로 수립·시행하는 안전 및 유지관리계획에 포함되어야 한다.

3.4 책임기술자의 자격

안전점검 및 정밀안전진단은 특별법 시행령 제7조 별표 2에서 규정한 자격을 갖춘 책임기술자에 의하여 수행되어야 한다. 점검 및 진단을 실시할 수 있는 모든 책임기술자는 특별법 시행규칙 제4조의 2의 규정에서 정한 교육기관에서 시행하는 건설안전분야에 관한 5일 이상의 교육과정을 이수하여야 하고, 전반적인 감독 업무를 수행하며, 설계, 안전성평가, 성능회복과 유지관리를 포함한 시설물의 공학적 및 기술적인 면에서의 전반적인 지식을 갖추어야 한다.

3.5 안전점검 및 정밀안전진단시 안전관리

1. 일 반

점검자 및 진단종사자의 안전은 물론 공공의 안전이 중요하므로 점검 및 진단종사자가 점검 기구와 장비를 적절히 운용하고 안전관리에 만전을 기하기 위한 계획을 수립하여야 한다.

2. 점검 및 진단종사자의 안전

점검 및 진단종사자는 안전모·작업복·작업화와 필요한 경우 청각·시각 및 안면보호장비 등을 포함한 개인용 보호장구를 항시 착용하여야 하며, 장구 및 기계를 항상 최적의 상태로 정비하여야 한다. 밀폐된 작업공간에서의 유해물질 및 가스와 산소결핍 등에 대한 조사와 대책이 사전에 마련되어야 한다.

3. 공공의 안전

공공의 안전 측면에서 관리주체는 시설물 점검기간 동안 교통통제와 작업공간 확보를 위한 적절한 조치에 대한 계획을 수립 시행하여야 한다.

3.6 안전점검 및 정밀안전진단 계획수립

1. 계획수립

효과적이고 안전한 시설물 점검 및 진단을 위해서 철저한 사전계획과 준비가 필요하다. 점검 및 진단계획은 시설물관리일반(제2장)을 토대로 수립되어야 하고, 계획수립을 위하여는 사전에 현장조사가 필요하며 다음 사항이 고려되어야 한다.

① 점검・시설물의 안전점검 및 정밀안전진단 지침진단 형식의 결정
② 점검・진단을 수행하는 데 필요한 인원・장비 및 기기의 결정
③ 기 발생된 결함의 확인을 위한 기존 점검자료의 검토
④ 점검・진단기간과 계획된 작업시간의 예측
⑤ 타기관 또는 주민과의 협조체재
⑥ 현장기록의 서식을 취합하고 대표부위에 대한 적절한 사전 스케치
⑦ 필요한 수중조사의 범위와 세굴의 위험성에 대한 판단, 그리고 잠수나 세굴과 관련된 자료와 같은 특기사항에 대한 확인
⑧ 비파괴 시험을 포함한 기타 재료시험 실시에 대한 적정성 여부의 판단
⑨ 구조물에 붕괴유발부재, 피로취약구조부위, 단재하경로부재와 같이 특별한 주의를 필요로 하는 부재와 부위가 포함되었는지 판단
⑩ 시설물의 기초와 주위 지반에 대한 조사여부, 조사항목 및 범위의 판단
⑪ 인근 구조물 중에 동종의 도구와 장비 및 인력을 필요로 하는 점검 및 진단작업에 대한 계획이 있는지 확인

2. 점검 및 진단시기

시설물의 철저한 점검 및 진단을 위하여 기후・온도・시급성 등을 고려하여 가장 바람직한 기간 중에 실시되어야 한다.

3. 장비의 선정

시설물 점검 및 진단장비는 접근에 필요한 장비와 실제 조사, 시험 및 측정을 수행하는 데 사용되는 장비를 말한다.

점검자는 점검 및 진단을 수행하기 위하여 구조부재에 접근할 필요가 있으며, 이 경우 가장 편리하고 안전한 장비를 선정하여야 한다.

점검 및 진단방법과 진단장비의 선정에 있어 책임기술자는 사전에 현장조사를 하여야 하며, 도면이 있는 경우는 도면을 가지고 수행함으로써 구조물의 형상이나 세부사항들에 대하여 가장 알맞은 장비가 선정되도록 하여야 한다.

3.7 점검 및 진단서식과 보고서

1. 일 반

현장에서 사용하는 점검 및 진단서식과 보고서는 체계적으로 작성되어야 하며, 결함에 대한 설명과 결함의 개략도가 포함되어야 한다. 완성된 보고서는 기간이 경과한 후에도 결함에 대한 해석이 가능하도록 상세하고 명확해야 한다. 현장사진을 촬영하여 결함을 확인할 수 있도록 하여야 하며, 여러 가지 결함이 언급된 경우에는 보고서와 서식에서 상호 참조할 수 있도록 하여야 한다. 개략도와 사진은 결함의 위치와 특성에 관한 설명을 보충하기 위한 수단으로 사용하여야 한다. 노후화된 부재에 대한 간단한 입체단면도와 평면도를 사용하여 결함의 형태와 치수를 명확히 이해할 수 있게 하여야 한다.

보고서에 포함된 모든 자료의 근거를 명확히 하여야 하고, 점검·진단일시와 기타 자료의 근거도 기록하여야 한다.

2. 정밀점검 보고서에 포함되어야 할 사항

① 서 두

보고서의 표지 다음에 정밀점검의 개략을 쉽게 알 수 있도록 다음의 서류를 붙인다.

- 제출문(안전진단전문기관의 장)
- 참여 기술진 명단
- 시설물의 위치도
- 시설물의 전경사진
- 정밀점검 실시결과 요약문
- 보고서 목차

② 정밀점검의 개요

정밀점검의 범위와 과업내용 등 정밀점검 계획 및 실시와 관련된 주요 사항을 기술한다.

- 점검의 목적
- 시설물의 개요 및 이력사항
- 점검의 범위 및 과업내용
- 사용장비 및 기기
- 점검 수행일정

③ 시설물의 상태평가

과업내용에 의거 실시한 조사·시험 및 측정의 결과분석과 시설물의 상태평가 결과를 작성한다.

- 주요 부재별 외관조사 결과분석
- 측정결과와 재료시험 결과의 분석
- 주요 부재별 상태평가 및 시설물 전체의 상태등급에 대한 소견

④ 시설물의 안전성 평가(필요한 경우 추가로 실시)

- 시설물의 내진설계 여부 확인

⑤ 종합결론 및 건의

- 정밀점검 결과의 종합결론
- 정밀안전진단 및 시설물의 사용제한의 필요성 여부
- 특별한 관리가 요구되는 사항
- 기타 필요한 사항

⑥ 부 록

- 육안검사 사진
- 외관 조사망도
- 측정 · 시험 성과표
- 기타 참고자료

3. 정밀안전진단 보고서에 포함되어야 할 사항

① 서 두

보고서의 표지 다음에 정밀안전진단의 개략을 쉽게 알 수 있도록 다음의 서류를 붙인다.

- 제출문(안전진단전문기관의 장)
- 참여 기술진 명단
- 시설물의 위치도
- 시설물의 전경사진
- 정밀안전진단 결과 요약문
- 보고서 목차

② 정밀안전진단의 개요

정밀안전진단의 범위와 과업내용 등 진단계획 및 실시와 관련된 주요 사항을 기술한다.

- 진단의 목적
- 시설물의 개요 및 이력사항

• 진단의 범위 및 과업내용
• 사용장비 및 비파괴 시험기기
• 진단 수행일정

③ 시설물의 상태평가

과업내용에 의거 실시한 조사·시험 및 측정의 결과분석과 시설물의 상태평가 결과를 작성한다.

• 전체 부재별 외관조사 결과분석
• 비파괴 현장시험 및 측정 결과분석
• 재료시험 결과분석(콘크리트, 강재, 토질재료 등)
• 부재별 상태평가 및 시설물 전체의 상태등급에 대한 소견

④ 시설물의 안전성 평가

과업내용에 의거 실시한 조사 등의 결과를 분석하고 이를 바탕으로 이론적 해석과 계산을 통하여 구조물의 안정과 내하력 등을 검토하고, 시설물의 구조적·기능적 안전성을 평가한 결과를 작성한다.

• 비파괴 재하시험 결과 및 분석
• 지형·지질·지반 및 토질조사 등 결과 및 분석
• 시설물의 변위 및 거동 등의 측정결과 및 분석
• 시설물의 구조해석 및 구조계산을 통한 분석결과
• 구조·수문·수리 및 지반 등 해석결과 및 분석
• 부재별 내하력의 평가
• 시설물의 안전성평가
  – 시설물의 내진성 평가서(관리주체의 요구에 의하여 내진성을 평가한 경우)

⑤ 보수·보강방법

시설물의 상태평가와 안전성 평가결과에 따라 손상 및 결함이 있는 부위 또는 부재에 대하여 적용할 보수·보강방법을 제시함(내진성 평가 후 내진능력 부족시의 경우를 포함)

• 보수·보강방법에 대한 개요, 시공방법, 시공시 주의사항 등

⑥ 종합결론 및 건의사항

• 정밀안전진단 결과의 종합결론
• 유지관리시 특별한 관리가 요구되는 사항
• 기타 필요한 사항

⑦ 부 록

- 육안검사 사진
- 외관 조사망도
- 측정 · 시험 성과표
- 기타 참고자료

3.8 안전점검 및 정밀안전진단 요령

1. 일 반

시설물의 검사항목이 빠지지 않도록 현장검사를 체계적이고도 조직적인 방식으로 수행하여야 하며, 시설물 점검 및 진단절차를 표준화하여야 한다.

각 시설물별 점검 및 진단 실시요령이나 세부점검서식(정기점검 · 정밀점검 · 정밀안전진단)은 안전점검 및 정밀안전진단 지침이나 시설물 분야별 안전점검 및 정밀안전진단 세부지침(건설교통부 추천)을 활용한다. 당해 시설물의 중요도 및 특성에 따라 보완 또는 추가가 필요한 경우는 새로이 작성하여 점검 · 진단 및 시설물 관리에 사용할 수 있다.

2. 현장검사

현장검사는 기존시설물에 관한 최소한의 기초자료를 얻고, 시간이 경과함에 따라 변화되는 균열 폭과 길이 등의 변화를 추적하기 위하여 수행한다. 시설물 현장에서의 측정은 도면이 없거나 도면상에 나타난 자료를 확인하기 위하여 필요하며, 측정의 정확성은 원하는 목적을 달성하는 정도이면 충분하다.

3. 점검 및 진단부위의 청소

부식, 노후화 또는 기타 식별이 어려운 결함을 발견하기 위하여 육안으로 근접검사하기 전에 검사부위를 깨끗이 청소하여야 한다.

4. 시설물의 상태평가

서로 다른 책임기술자에 의하여 다른 시간대에 수행된 점검 및 진단결과의 일관성을 확보하기 위하여 책임기술자 등은 시설물 부위별 상태평가를 위하여 제시된 통일된 점검 및 진단서식과 기준(항3.8.1)에 의하여 조사하여야 한다.

5. 중대한 위험이 예견되는 결함

현장에서의 점검 및 진단기간 동안 발견된 공중에 위험을 끼칠 수 있는 구조 또는 안전과 관련된 위험이 존재하는 경우에는 즉시 관리주체에 통보하여야 하며, 관리주체는 다음과 같은 사항에 대하여 체계화된 조치를 취하여야 한다.

① 결함에 대하여 소관행정기관의 장에게 신속한 보고

② 경찰과 주민에 대한 긴급통지
③ 발견된 결함에 대한 신속한 평가
④ 신속한 후속조치
⑤ 후속조치 결과의 확인
⑥ 다른 사고 시설물에서 발견된 결함부와 유사한 구조부위를 가지고 있는지 여부의 확인
⑦ 기타 필요한 사항

제4장 재료시험

4.1 일 반

이 장에서는 재료의 강도, 상태, 구조부재 평가 및 육안검사 결과를 확인하기 위한 일반적인 시험 절차에 대하여 언급한다.

4.2 비파괴 현장시험

아래의 비파괴 현장시험 방법을 콘크리트, 강재 및 목재 구조물에 사용할 수 있다.

1. 콘크리트 현장시험
① 강도법 반발경도 및 침입시험(rebound and penetration test) : 콘크리트의 경도를 측정하여 콘크리트 강도를 추정하는 데 사용된다.
② 음파법(sonic methods) : 기계적 음파법은 층분리나 기타 균열을 발견하는 데 사용된다.
③ 초음파법(ultrasonic techniques) : 콘크리트 내부의 결함, 균열깊이, 강도 및 품질 상태를 검사하는 데 사용된다.
④ 자기법(magnetic methods) : 자기법은 주로 철근 피복두께, 위치 및 크기 확인에 사용된다.
⑤ 전기법(electrical methods) : 저항 및 전위법이 있으며, 전기적 저항기법은 시설물 바닥판 시일(seal) 도장의 침투성을 측정하는 데 사용된다. 철근의 부식은 전위차에 의해 발생되는 부식 셀을 발생시키고 콘크리트 바닥면에 설치한 하프-셀(half cell)을 사용하여 하프-셀과 철근 사이의 전위차를 측정함으로써 부식을 감지할 수 있다.
⑥ 원자법(nuclear methods) : 원자법은 중성자 흡수 및 확산기법에 의해 콘크리트 내 수분함량을 추정하는 데 주로 사용된다.

⑦ 자기(自記) 온도계법(thermography) : 적외선 자기 온도계법은 콘크리트 시설물 바닥판의 층분리를 탐지하는 데 이용되는 보조시험법이다.

⑧ 레이더법(radar) : 지표면 침투 레이더(GPR : Ground-Penetrating Radar) : 시설물 바닥판의 노후화, 공동 및 층분리를 발견하기 위하여 사용된다.

⑨ 방사선법(radiography) : 감마광선은 콘크리트를 투과할 수 있으므로 필름을 방사선에 노출되게 함으로써 콘크리트 검사에 사용할 수 있다.

⑩ 내시경법(endoscopes) : 내시경은 콘크리트 시설물 부재에 천공된 구멍 내부로 삽입된 관찰튜브를 이용하여 다른 방법으로는 볼 수 없는 구조물 내부에 대한 정밀한 검사를 할 수 있다.

2. 강재 현장시험

① 방사선투과시험(radiographic test) : 용접 또는 주조의 슬래그 함침(slag inclusion)이나 간극과 같은 결함을 쉽게 찾아낼 수 있는 방법이다.

② 자분탐상시험(magnetic particle test) : 이 점검 방법은 염료 침투방법과 같이 표면이나 표면 부근의 결함을 찾을 때에 쓰인다.

③ 와류탐상시험(eddy current test) : 이 방법은 자기입자 점검과 매우 유사하게 운용되며, 결함은 조사하고자 하는 재료에 자기장이 아닌 전기장을 교란시켜 발견한다.

④ 침투탐상시험(liquid penetrant test) : 염료 침투방법을 사용한 점검이 가장 보편적으로 사용되는 방법이다. 이 방법은 비록 구조물 표면의 결함에만 한정되지만 저가로 쉽게 사용할 수 있다.

⑤ 초음파 탐상시험(ultrasonic test) : 이 방법은 내부 결함을 찾기 위하여 재료 내의 소리에 대한 진동특성을 이용하여 점검하는 방법이다.

3. 목재 현장시험

① 침투법(penetration methods) : 칼 · 송곳 · 못 또는 브레이스(brace), 비트(bit)와 같은 탐침(probe)을 내부 부식 또는 해충의 피해를 조사하기 위하여 사용한다.

② 전기법(electrical methods) : 전기법은 목재의 함수량 측정에 주로 적용한다.

③ 초음파법(ultrasonic techniques) : 콘크리트 부재에 사용하는 초음파 검사기법이 목재 구조물에 대한 현장시험에도 적용할 수 있다.

4.3 실내시험

구조물로부터 재료의 일부를 채취하여 실시한 시험결과는 특정부분에 대한 자료가 필요할 경우 사용되며, 전체적인 시설물 평가에 유용할 경우에만 사용되어야 한다.

현장시험 결과 및 조사된 사항을 보완하기 위하여 다음과 같이 표준화된 실내시험을 실시할 수 있으며, 이들 시험은 KS 기준을 우선으로 하고 KS 기준에 없는 시험은 ASTM이나 AASHTO 등의 기준을 사용할 수 있다.

1. 콘크리트 시험

강도, 수분함량, 공기량, 염분함량, 중성화시험 등

2. 강재시험

강도 등

3. 토질 재료시험

입도, 함수비, Atterberg한계, 투수, 다짐, 압밀, 압축시험 등

4.4 시험결과의 해석 및 평가

비파괴 현장시험 및 실내시험 결과는 그 분야에 경험이 있는 자에 의하여 해석되고 평가되어야 하며, 이전에 같은 시험이 실시된 경우에는 시험결과를 비교하여 차이점을 분석 평가하여야 하며, 같은 재료 특성을 평가하는데 다른 형식의 시험방법이 사용되는 경우에는 각 시험결과를 비교하여 차이점을 파악하여야 한다.

필요한 경우 기존자료와 현장 계측자료를 토대로 예상되는 문제점을 분석하기 위하여 모델링을 통하여 이론적 해석을 실시할 수 있다.

4.5 시험보고서

모든 비파괴 현장시험 및 실내 시험결과는 시설물 관리에 필요한 자료의 일부로 사용하여야 한다. 시험결과는 책임시험자가 서명한 시험기관의 정식 공문으로 제출하여야 한다.

제5장 시설물의 상태평가 기준 및 방법

5.1 시설물의 상태평가

상태평가는 시설물 주요구조부에 대한 재료 및 육안검사에서 조사된 상태에 대한 평가를 포함한다. 책임기술자는 점검·진단결과 각 부재로부터 발견된 결함을 근거로 하여 항 5.1과 같이 결함의 범위 및 정도에 따라 A. B, C, D, E의 5가지 단계로 상태등급을 매긴다.

정기점검에서는 점검서식에 따라 주요 부재종류별로 평가하는 것을 원칙으로 하고, 정밀점검에서는 각 부재별로 작성하되 문제부위에 대하여 망을 작성하여 상세히 상태등

급을 매기며, 정밀안전진단에서는 전체 시설물에 대하여 망을 작성하여 상태등급을 매긴다.

점검이 확실히 이루어졌는지 확인하는 대조표인 동시에 기록용 문서로 이용하기 위하여 점검자는 육안검사 결과를 안전점검 서식에 각기 요소의 결함 또는 노후화의 형태, 크기, 양 및 심각한 정도 등을 기록하여야 한다.

<상태등급>

상태등급	상 태
A	문제점이 없는 최상의 상태
B	경미한 손상의 양호한 상태
C	보조 부재에 손상이 있는 보통의 상태
D	주요 부재에 진전된 노후화(강재의 피로균열, 콘크리트의 전단균열, 침하 등)로 긴급한 보수·보강이 필요한 상태로 사용제한 여부를 판단
E	주요 부재에 심각한 노후화 또는 단면손실이 발생하였거나 안전성에 위험이 있어 시설물을 즉각 사용금지하고 개축이 필요한 상태

5.2 콘크리트 구조물의 노후화 종류

1. 균 열

일반적으로 콘크리트에서의 균열은 육안으로 분간할 수 있을 정도로 큰 반면 프리스트레스트에서의 균열은 기기를 사용하여야 측정 분별할 수 있다. 보통 균열부에는 녹이나 백태의 흔적이 나타난다.

일반적으로 균열은 아래와 같이 미세균열, 중간균열 및 대형균열로 나눌 수 있으며, 구조물의 중요도 및 특성 등에 따라 그 기준을 달리할 수 있다.

① 미세균열 : 0.1mm 미만

② 중간균열 : 0.1mm 이상 0.7mm 미만

③ 대형균열 : 0.7mm 이상

철근콘크리트 구조물에서의 미세균열은 구조물의 성능에는 영향이 없으나 중간 및 대형 균열은 중요하기 때문에 보고서에 기록하여 추적조사가 이루어지도록 하여야 한다. 프리스트레스트 콘크리트에서의 균열은 모두 중요하기 때문에 점검 중 균열의 길이·폭·위치, 그리고 방향에 유의하여야 한다.

콘크리트 보에서의 균열은 구조적으로 영향이 있는 균열과 구조적으로 영향이 없는 균열로 나눌 수 있다. 구조적으로 영향이 있는 균열에는 최대 인장부 또는 모멘트부에서 발생하여 압축부로 진전되는 수직방향의 휨균열과 부재의 복부에서 주로 발생하는 경사방향의 전단균열이 있다. 구조적으로 영향이 없는 균열에는 온도로 인한 균열, 건조수축에 의한 균열, 그리고 매스 콘크리트 균열 등이 있다.

균열은 결함원인별로 수축균열, 정착균열, 구조적 균열, 철근부식균열, 지도형상균열, 동결융해균열로 나눌 수 있다. 부식 등 화학적 작용이 심할 경우 구조적 균열, 철근부식균열, 지도형상균열은 시설물 구조에 영향을 미칠 수 있다.

2. 박 리

박리(scaling)는 콘크리트 표면의 모르터가 점진적으로 손실되는 현상으로, 표면에서의 모르터 손실 깊이를 기준으로 아래의 4가지로 나눌 수 있으며, 책임기술자는 박리의 위치, 크기 및 깊이를 기록하여야 한다.

① 경미한 박리 : 0.5mm 미만
② 중간정도의 박리 : 0.5mm 이상 1.0mm 미만
③ 심한 박리 : 1.0mm 이상 25.0mm 미만
④ 극심한 박리 : 25.0mm 이상으로 조골재 손실

3. 층분리

층분리(delamination)는 철근의 상부 또는 하부에서 콘크리트가 층을 이루며 분리되는 현상으로 철근의 부식에 의한 팽창이 주요 원인이며, 이러한 부식은 주로 염화물이온(소금, 염화칼슘)에 의하여 발생된다. 층분리 부위는 망치로 두드려 중공음(中空音)이 나는지 여부로 확인할 수 있다. 책임기술자는 층분리 위치 및 크기를 기록하여야 한다.

4. 박 락

박락(spalling)은 콘크리트가 균열을 따라서 원형으로 떨어져나가는 층분리 현상의 진전된 현상이다. 박락은 정도에 따라 아래와 같이 분류할 수 있으며, 책임기술자는 박락의 위치, 크기 및 깊이를 기록하여야 한다.

① 소형 박락 : 깊이 25mm 미만 또는 직경 150mm 미만
② 대형 박락 : 깊이 25mm 이상 또는 직경 150mm 이상

5. 백 태

백태(efflorescence)는 콘크리트 내부의 수분에 의하여 염성분이 콘크리트 표면에 고형화된 현상으로 콘크리트 노후화의 증거이다.

6. 충돌손상

트럭, 탈선열차 또는 선박의 충돌로 인하여 콘크리트 구조물이 손상을 입을 수 있으며, 특히 프리스트레스트 콘크리트보의 경우 충돌손상에 유의하여야 한다.

7. 누 수

배수공과 시공이음의 결함·균열 등으로 발생된 누수에 대하여 그 상태를 조사한다.

5.3 강재구조물의 노후화 종류

1. 부 식

강재에서의 가장 일반적인 형태의 노후화 현상으로서 환경적 요인에 의한 부식, 전류에 의한 부식, 박테리아에 의한 부식, 과대응력에 의한 부식, 그리고 마모에 의한 부식이 있다.

2. 피로균열

피로균열은 반복하중에 의하여 발생하여 갑작스런 파괴로 진전되기 때문에 점검자가 피로균열 부위를 확인하는 것이 중요하다. 피로균열을 유발하는 요소는 다음과 같다.

① 시설물의 하중이력
② 응력범주의 크기
③ 상세부위의 형태
④ 제작 상태 및 질
⑤ 파괴 인성(fracture toughness)
⑥ 용접의 질

3. 과재하중

과재하중이란 구조물의 설계에 사용된 하중을 초과하는 하중을 말하며, 인장부재에서는 신장(elongation) 및 단면 감소를, 압축부재에서는 좌굴을 유발시킨다.

4. 외부 충격에 의한 손상

시설물 부재는 외부의 충격에 의하여 부재의 뒤틀림이나 변위와 같은 손상을 입을 수 있다.

제6장 시설물의 안전성 평가방법

6.1 안전성 평가방법

시설물의 안전성 평가는 부재별 상태평가, 재료시험 결과 및 각종 계측·측정·조사 및 시험 등을 통하여 얻은 결과를 분석하고, 이를 바탕으로 구조적 특성에 따른 이론적 계산과 해석을 통하여 구조물의 안정과 부재의 내하력 등을 평가하고, 시설물에 대한 안전성을 종합적으로 평가하여야 한다.

평가에 사용된 평가방법의 종류 및 해석결과에 대한 설명과 계산기록을 포함하여야 한다.

6.2 안전성 평가를 위한 조사 등

안전성 평가를 위하여 실시하는 계측·측정·조사 및 시험은 시설물 분야 및 구조적 특성에 따라 적절한 것으로서 아래 항목 중 필요한 사항을 결정하여 실시하여야 한다.

① 비파괴 재하시험 : 정적·동적 재하시험
② 지반조사 및 탐사
③ 지형·지질 조사 및 토질시험
④ 수리·수문 조사
⑤ 침하·변위·거동 등의 측정
⑥ 수중조사
⑦ 누수탐사
⑧ 기타 필요한 사항

제7장 보수·보강 방법

7.1 일 반

노후화된 구조물에 대한 보수·보강은 손상구조물의 영향 정도, 구조물의 중요도, 사용환경 조건 및 경제성 등에 의해서 보수·보강 방법 및 수준을 정하여야 한다.

보수는 구조물에 작용한 위해요인에 의해 발생된 구조물의 손상을 치유하는 것을 말하며, 보강이란 설계하중 이상의 하중 등 위해요인에 구조물이 안전하도록 하기 위해서 구조물의 내하력 등을 증진시키는 것을 말한다.

따라서 보수를 위해서는 상태평가 결과 등을 보강을 위해서는 안전성 평가결과 등을 정밀검토 후 보수·보강 필요성, 방법 및 그 수준을 제시하여야 한다.

7.2 보수·보강의 필요성 판단

보수의 필요성은 발생된 손상(균열 등)이 어느 정도까지 허용되는가의 판단에 의하여야 하며, 이를 위해 본 지침 및 각종 기준(표준시방서 등)을 참조한다.

보강의 경우는 부재 안전율을 각종 기준에서 정하는 수치 이상으로 하기 위하여 어느 정도까지 부재단면 등을 증가하여야 하는지를 판단하여야 한다.

7.3 보수 · 보강 수준의 결정

보수 · 보강의 수준은 위험도 · 경제성 등을 고려하여 아래의 경우 중에서 선택한다.

① 현상유지(진행억제)

② 실용상 지장이 없는 성능까지 회복

③ 초기 수준 이상으로 개선

④ 개축

7.4 공법의 선정

구조물 결함에 따른 보수 · 보강은 보수재료와 공법 선정시 공법의 적용성, 구조적 안전성, 경제성 등을 검토하여 결정한다.

이때 중요한 것은 구조물의 결함발생 원인에 대한 정확한 분석이며, 이를 통해 적절한 공법을 선정할 수 있고, 또한 적절한 보수재료를 선택할 수 있다.

따라서 시설물 관련 제반자료, 진단시 수행한 각종 상태평가 및 안전성 평가결과를 기초로 하여, 결함발생 원인에 대한 정확한 분석 후 결함부위 또는 부재에 가장 적합한 보수 · 보강 공법을 선택하여야 한다.

7.5 보수 · 보강 우선순위의 결정

각 시설물은 주요 부재와 보조 부재로 이루어져 있으며, 이들 시설물에서 발생된 각종 결함에 대하여 보강을 보수보다, 주요 부재를 보조 부재보다 우선하여 보수 · 보강 우선순위를 결정한다.

또한 전체 시설물에서의 우선순위 결정은 각 시설물이 가지는 중요도, 발생한 결함의 심각성 등을 종합검토 후 결정한다.

제8장 안전점검 및 정밀안전진단 계약절차

8.1 계약의뢰

관리주체가 안전점검 또는 정밀안전진단을 시설물 유지관리업체 또는 안전진단전문기관에 의뢰하고자 할 때에는 별지 제1호 서식에 의한다.

8.2 계약조건 등

시설물의 관리주체와 유지관리업자 또는 안전진단전문기관간에 안전점검 또는 정밀안전진단 계약을 체결하고자 할 때에는 별지 제2호 서식에 의한다.

부 칙

1. (시행일) 이 지침은 고시한 날로부터 시행한다.
2. (경과조치) 이 지침 시행 전 종전의 지침에 의하여 처리된 사항은 이 지침에 따라 처리된 것으로 보며, 이 지침 시행 전 계약 체결하여 시행 중인 안전점검 및 정밀안전진단의 적용에 있어서는 종전의 지침에 의한다.

(별지 제1호 서식)

시설물의 안점점검 · 정밀안전진단 의뢰서

시설물의안전관리에관한특별법 제6조(7조, 8조) 및 같은 법 시행령 제6조(9조, 10조)의 규정에 의하여 아래와 같이 시설물의 안전점검 · 정밀안전진단을 의뢰합니다.

<table>
<tr><td>시설물명</td><td></td><td>종별</td><td>1종, 2종</td></tr>
<tr><td colspan="2">시설물의 제원</td><td colspan="2">안전점검(정밀안전진단) 범위</td></tr>
<tr><td colspan="2">· 시설물의 크기 또는 규모
· 시설물의 구조형식
· 완공연도(시공자)
· 기타 참고사항</td><td colspan="2"></td></tr>
<tr><td>관리주</td><td></td><td colspan="2"></td></tr>
<tr><td colspan="2">점검 또는 진단 실시시기</td><td colspan="2">~ (일간)</td></tr>
<tr><td>보관서류 목록</td><td colspan="3">· 준공도면
· 준공내역서 및 시방서(특별시방서 포함)
· 구조계산서(수리계산서 등)
· 시공 또는 유지관리상 특기사항 보고서
· 최근 안전점검(정밀안전진단) 결과보고서 등</td></tr>
<tr><td colspan="4">년 월 일

의뢰인 기관명(상호)
주 소
대표자 (인)</td></tr>
</table>

(별지 제2호 서식)

<table>
<tr><td colspan="3">시설물의 안전점검 · 정밀안전진단 표준계약서</td></tr>
<tr><td rowspan="2">계
약
자</td><td>관리주체</td><td></td></tr>
<tr><td>계약상대자</td><td>· 상호 또는 법인명칭   · 법인등록번호
· 주   소   · 전 화 번 호
· 대 표 자</td></tr>
<tr><td rowspan="7">계
약
내
용</td><td>계약건명</td><td></td></tr>
<tr><td>계약금액</td><td>금   원정(₩   )</td></tr>
<tr><td>계약보증액</td><td>금   원정(₩   )</td></tr>
<tr><td>지체상금률</td><td>%</td></tr>
<tr><td>계약기간</td><td>.   .   .   ~   .   .   .</td></tr>
<tr><td>위 치</td><td></td></tr>
<tr><td>기타사항</td><td></td></tr>
<tr><td colspan="3">관리주체와 계약상대자는 상호 대등한 입장에서 붙임의 계약문서에 의하여 위와 같이 계약을 체결하고 신의에 따라 성실히 계약상의 의무를 이행할 것을 확약하며, 이 계약의 증거로서 계약서를 작성하여 당사자가 기명날인한 후 각각 1통씩 보관한다.

붙임서류 : 1. 시설물의 안전점검 · 정밀안전진단 계약조건 1부
2. 시설물의 안전점검 · 정밀안전진단 과업내용 1부
3. 시설물의 안전점검 · 정밀안전진단 대가산출 내역서 1부

(관리주체)   (계약상대자)

(인)</td></tr>
</table>

〈붙임1〉

시설물의 정밀안전진단(안전점검) 표준계약조건

시설물의안전관리에관한특별법(이하 '특별법'이라 한다) 제6조 및 제7조의 규정에 의거 관리주체인 ____________(이하 '갑'이라 한다)과 정밀안전진단(안전점검)의 실시자인 ____________(이하 '을'이라 한다)은 다음과 같이 계약을 체결한다.

제1조(목적) 이 계약은 '갑'이 관리하고 있는 시설물에 대하여 '을'이 정밀안전진단(안전점검)을 실시하여 구조적·기능적 결함을 발견하고, 그에 대한 신속하고 적절한 조치를 취하기 위하여 구조적 안전성 및 결함의 원인 등을 조사·측정·평가하고 보수·보강 등의 방법을 제시함으로써 재해 및 재난을 예방하고 시설물의 효용증진과 공공의 안전을 확보하는 데 그 목적이 있다.

제2조(진단·점검의 범위) 정밀안전진단(안전점검)의 범위는 다음과 같다.

1. 시설물명 :
2. 위　　치 :
3. 제　　원 :
4. 정밀안전진단(안전점검) 대상시설물의 범위 :

제3조(계약기간) ① 계약기간은 착수 일로부터 ____________일간으로 한다.

② 다만, 천재지변 및 부득이한 사유로 인하여 정밀안전진단(안전점검)의 일부 또는 전부의 변경이 불가피한 경우에는 '갑'과 '을'은 협의하여 그 기간을 변경할 수 있다.

제4조(계약금액의 산정 및 변경) ① 계약금액의 산정은 건설교통부장관이 고시한 안전점검 및 정밀안전진단 대가기준('96. 8. 6)에 의하되, 기본과업과 추가과업은 별지와 같다.

② 계약기간 중 물가변동으로 인한 계약금액의 조정은 재정경제부가 회계예규로 정한 기술용역계약 일반조건의 관련조항에 따라 품목조정률을 적용한다.

③ 계약기간 중 정밀안전진단(안전점검)의 추가조사 과업의 항목 및 수량의 증·감사유가 발생하였을 때는 '갑'과 '을'은 협의하여 계약금액을 변경할 수 있다.

④ 제3조2항의 규정에 따라 정밀안전진단(안전점검) 업무의 일부 또는 전부의 변경이 불가피한 경우 '갑'과 '을'은 협의하여 변경할 수 있다.

제5조(대가의 지급 등) 정밀안전진단(안전점검) 대가 및 선금의 지급은 재정경제부가 회계예규로 정한 기술·용역계약 일반조건 및 선금지급요령에 의한다.

제6조(실시자의 의무) ① '을'은 제1조에서 규정한 목적을 수행하기 위하여 모든 지식과 기술을 활용, 신의와 성실의 원칙에 입각하여 계약을 이행한다.

② '을'은 특별법 제13조의 규정에 의한 안전점검 및 정밀안전진단 지침에 의거 정밀안전진단(안전점검)을 성실하게 실시하여야 한다.

③ '을'은 정밀안전진단(안전점검)을 실시함에 있어 '갑'이 특별법 제6조의 규정에 의거 실시한 안전점검 결과를 기초로 수행하여야 하며, '갑'은 주요결함사항 및 보수·보강 내용 등에 대하여 '을'에게 미리 통보하여야 한다.

④ '을'은 진단수행중 발생한 안전사고에 대해 책임을 지며, 안전사고를 미연에 방지하도록 하여야 한다.

제7조(실시결과의 통보) ① '을'은 계약기간이 종료한 경우에는 특별법 제11조제1항의 규정에 의거 지체없이 '갑'에게 정밀안전진단(안전점검) 실시결과를 통보하여야 한다.

② '을'은 계약기간 중에도 특별법 시행령 제12조의 규정에 의한 중대한 결함이 있을 경우에는 서면으로 '갑'에게 통보하여야 한다.

제8조(공동실시) '을'은 정밀안전진단(안전점검)을 효율적으로 수행하기 위하여 특별법 제8조제2항의 규정에 의거 '갑'과 협의하여 다른 안전진단전문기관과 공동으로 실시할 수 있다.

제9조(설계도서 등의 열람교부 등) ① '을'은 정밀안전진단(안전점검)을 수행함에 있어서 필요한 경우에는 특별법 제17조의 규정에 의거 '갑'에게 해당 시설물의 설계·시공 및 감리와 관련된 서류의 열람이나 그 사본의 교부를 요청할 수 있으며, 이 경우 '갑'은 이에 응하여야 한다.

② 다만, 국방 기타 보안상의 기밀을 요하는 시설물의 경우에는 '갑' 또는 관련기관의 동의를 얻어 이를 열람할 수 있다.

제10조(관리주체의 의무) ① '갑'은 '을'이 정밀안전진단(안전점검)을 공정하게 실시할 수 있도록 제반 여건을 조성하여야 한다.

② '을'은 시설물의 상태평가·안전성평가 등에 있어서 정밀안전진단(안전점검) 성과를 일관성 있게 비교평가하기 위하여 '갑'이 소유하고 있는 진단관련 장비 등의 사용 및 운영관리자의 지원을 요청할 수 있으며, '갑'은 특별한 사정이 없는 한 이에 협조하여야 한다.

③ '갑'은 정밀안전진단(안전점검)을 실시함에 있어서 시설물의 근접조사 및 상세조사가 가능하도록 '을'에게 협조하여야 한다.

제11조(인·허가 사항 등) '을'이 정밀안전진단(안전점검) 업무와 관련하여 인·허가 등의 사항이 필요한 경우에는 '갑'은 정밀안전진단(안전점검) 업무수행에 지장이 없도록 협조하여야 한다.

제12조(계약의 해제 및 해지) 본 계약은 다음의 경우에 해제 또는 해지할 수 있다.

1. 천재지변, 전쟁, 기타 불가항력의 사유로 인하여 정밀안전진단(안전점검) 업무의 수행이 불가능한 때
2. '갑'과 '을'이 정밀안전진단(안전점검) 업무가 필요치 않다고 협의되었을 때
3. '갑'이 제10조의 의무를 기피하여 '을'의 정상적인 진단이 곤란할 때
4. '을'이 정당한 이유 없이 제3조에 정한 기간 내에 과업을 수행할 수 없음이 명백할 때

제13조(보안사항) '을'은 정밀안전진단(안전점검) 수행시 얻은 정보 또는 성과품 및 자료를 계약이행의 전·후를 막론하고 '갑'의 사전승인 없이 외부에 누설할 수 없다.

제14조(기타사항) 이 계약에 명시되지 아니한 사항은 재정경제부가 회계예규로 정한 기술용역계약 일반조건과 관계법령에 의한다.

〈별지〉

정밀안전진단(안전점검) 과업의 구분

가. 정밀안전진단

과업항목	기본과업	추가조사과업(필요시)
관련근거	대가기준 제5조 내지 제8조 관련	대가기준 제9조 관련
자료수집 및 분석	· 준공도면, 구조계산서, 특별시방서, 수리 · 수문계산서 · 시공 · 보수도면, 제작 및 작업도면 · 재료증명서, 품질시험기록, 재하시험 자료 · 시설물관리대장	구조 · 수리 · 수문 계산(계산서가 없는 경우) · 실측도면 작성(도면이 없는 경우)
현장조사 및 시험	· 전체 부재의 외관조사(육안검사) -콘크리트 균열, 누수, 박리, 박락, 층분리, 백태, 철근노출 -강재균열 및 도장, 부식상태 · 비파괴 현장시험 -콘크리트 비파괴시험 -강재 비파괴시험	· 시료채취 및 실내시험 · 비파괴 재하시험 · 지형 · 지질 · 지반 조사 및 탐사, 토질조사 · 수중조사, 누수탐사 · 침하 · 변위 · 거동 등의 측정 · 시설물의 조사에 필요한 가설재의 설치 및 해체 등 · 교량 및 터널 점검차의 사용료 및 조종원 인건비 · 조사부위 표면청소 · 마감재의 해체 및 복구 · 전기 및 기계설비에 대한 조사 · 시험(건축물 제외)
상태평가	· 외관조사 결과분석 · 비파괴 현장시험 결과분석 · 재료시험 결과분석 · 부재별 상태평가 및 시설물 전체의 상태등급에 대한 소견	-
안전성평가	· 조사 · 시험 · 측정 결과의 분석 · 이론적 해석결과의 분석 · 부재별 내하력 평가 · 시설물의 안전성평가	· 구조 · 지반 · 수리 · 수문 해석 · 구조안전성 평가 등 전문기술을 요하는 경우의 전문가 자문
보수 · 보강 방법	· 보수 · 보강 방법 제시	-
보고서	· 보고서 작성	-

나. 안전점검(정밀점검)

과업항목	기본과업	추가조사과업(필요시)
관련근거	대가기준 제5조 내지 제8조 관련	대가기준 제9조 관련
자료수집 및 분석	· 준공도면, 구조계산서, 특별시방서, 수리 · 수문계산서 · 시공 · 보수도면, 제작 및 작업도면 · 재료증명서, 품질시험기록, 재하시험자료 · 시설물관리대장	· 구조 · 수리 · 수문 계산 (계산서가 없는 경우) · 실측도면 작성 (도면이 없는 경우)
현장조사 및 시험	· 주요 부재의 외관조사(육안검사) -콘크리트 균열, 누수, 박리, 박락, 층분리, 백태, 철근노출 -강재균열 및 도장, 부식상태 · 간단한 측정 -반발경도시험 -중성화시험	· 시설물 조사에 필요한 가설재의 설치 · 해체 등 · 교량 및 터널 점검차의 사용료 및 조종원 인건비 · 조사부위 표면청소비
상태평가	· 외관조사 결과분석 · 측정결과 분석 · 부재별 상태평가 및 시설물 전체의 상태등급에 대한 소견	
안전성평가		· 안전성평가
보고서	· 보고서 작성	

2. 정기안전점검 표준양식

정기점검보고서

1. 일반사항

1.1 관리사항

1.1.1 시설물명 :

1.1.2 점검기간 : 20　년　월　일~20　년　월　일

1.1.3 위　　치 :

1.1.4 소 유 주 :　　　　　　　　(담당 :　　　　전화 :　　　)

1.1.5 관리주체 :　　　　　　　　(담당 :　　　　전화 :　　　)

1.1.6 점 검 자 :　　　　　　(인)　(자격 :　　　　　　　　)

1.1.7 전회점검기간 : 20　년　월　일~20　년　월　일

1.1.8 전회점검자 :

1.1.9 시설개요

대지면적	m^2	건축면적	m^2
건축연면적	m^2	동　수	1종 :　동 2종 :　동　계동
구조형식		최고높이	부위
설 계 자		주 용 도	
시 공 자		종　별	
감 리 자		공사기간	
사용검사일		준공 후 경과연수	

1.1.10 설계도서 보관실태

도서구분	보관유무	도서구분	보관유무
준공도서 (설비전기 포함)	□ 유　□ 무	시 방 서	□ 유　□ 무
구조계산서	□ 유　□ 무	공사관계철	□ 유　□ 무
건축물관리대장	□ 유　□ 무	유지관리계획서	□ 유　□ 무

2. 점검결과

2.1 일반점검사항

점검내용	점검결과 (유O,무×)	상 태 (유형·크기·추정원인)	해당동호 (위치)
□ 바닥 포장부위 침하 및 균열 현상			
□ 건물 전체의 부동침하현상(기울어짐 현상)			
□ 외부 옹벽(축대)의 균열 및 변형 현상			
□ 건물주변 토량 침하현상			
□ 하수관로 및 맨홀의 배수 · 청소상태			
□ 외벽의 전도 위험부위			
□ 외벽 모르터 또는 콘크리트의 탈락부위			
□ 외벽 창문 유리의 파손			
□ 옥상 roof drain의 상태			
□ 옥상에 하중(물건)의 과재 여부			
□ 내부 창 · 문의 작동상태			
□ 건물 내부의 진동여부			
□ 천장재(텍스류)의 탈락 및 갈라짐 상태			
□ 벽지 및 천장지가 찢어진 곳 유무			
□ 실내의 하중(물건)의 과적여부			
□ 건물에서 뚝뚝하는 소리			
□ 녹물이 흘러나오는 곳의 유무			
□ 코킹이 갑자기 떨어진 곳의 유무			
□ 담장의 전도징후			
□ 돌출물(간판 · 안테나 등)의 탈락현상			
□ 지하수 배수펌프 작동상태			
□ 안전난간의 견고성			

2.2 용도 현황

동 별	층구분	바닥면적(㎡)	주요 용도	비 고 (세대수)
	계			

※ 공동주택 외의 경우에 작성(주상복합건물은 제외)

※ 전회 점검내용과 동일한 경우에는 '전회점검과 동일'이라 기록

2.3 동별 현황

단지명	동 호	종 별	층수 (지상/지하)	세대수	연면적 (m^2)	비 고

※ 공동주택(주상복합 포함)의 경우에 작성

2.4 건축물의 형태 및 용도변경 사항

구 분	변경사항		위 치 (해당 동·호수)	비 고
	변경 전	변경 후		
평면변경				
입면변경				
단면변경				
용도변경				

※ 변경 전후의 내용(위치, 모양, 규격, 마감재 종류 등)을 간단히 기록하며, 주요 사항 또는 필요시에는 도면에 표기 첨부할 수 있다.

※ 변경사항이 없는 경우에는 '비고'란에 '해당없음'이라 기록

2.5 구조부재의 변경사항

구 분	변경사항		위 치 (해당 동·호수)	비 고
	변경 전	변경 후		
기 둥(벽)				
보				
슬 래 브				
지 붕				
계 단				

※ 주요 구조부재의 변경 내용과 보수·보강 내용 등 구조와 관계된 사항(위치·재질·규격 등)을 간략히 기록하며, 주요 변경 전·후의 내용(위치, 모양, 규격, 마감재 종류 등)을 간략히 기록하며, 주요 사항 또는 필요시에는 도면에 표기 첨부하거나 사진을 촬영 보고자료로 활용할 수 있다.

※ 변경사항이 없는 경우에는 '비고'란에 '해당없음'이라 기록

2.6 주변조건의 변경사항

구 분	변경사항		위 치 (해당 동·호수)	비 고
	변경 전	변경 후		
사용하중				
기초 및 지반조건				
주변환경				

※ 주변조건 변경사항(실별 사용하중의 최대치, 주변공사 현황 등)을 상세하게(위치, 시기, 공사내용 등) 기록하며, 필요시 관계자의 확인을 받아 첨부하여 향후 점검 및 진단시 참고자료로 활용할 수 있도록 한다.

2.7 균열의 발생현황

동 호 (실명)	부 위	균열의 유형 및 형상	균열크기 (길이×폭)	균열의 진행상황	비 고 (원인, 발견시기 추정 등)

※ 균열위치는 정확하게 도면에 표기하도록 하며, 균열의 유형 및 형상은 필요시 사진을 촬영 보관토록 하며, 균열의 크기는 길이와 최대 균열폭을 mm단위로 기록하며 실제 균열 부재부위에 알아보기 쉽도록 표시하여 지속적인 추적 관찰이 될 수 있도록 한다.

※ 균열의 진행상황은 전회 점검시 내용과 변화된 상황을 기록한다.

※ 균열부위는 점검시기별로 자세히 구분 관찰하여 기록한다.

2.8 누수 · 백태 현황

부 위 (해당 동 · 호 · 층 · 위치 · 실)	누수 · 백태 정도(상태)	비 고 (원인, 발견시기 추정 등)

2.9 철근의 노출 및 부식상태

부 위 (해당 동 · 호 · 층 · 위치 · 실)	노출 정도(상태)	비 고 (원인, 발견시기 추정 등)

2.10 강재구조 노후상태

부 위 (해당 동 · 호·층·위치·실)	노후 정도(상태)	비 고 (원인, 발견시기 추정 등)

※ 부위는 층별 · 부재별로 정확하게 기록하며, 필요시 도면에 표기 활용한다.

※ 노후상태는 부식, 피복재 탈락, 볼트 · 용접부의 결함내용 등을 간략하게 기록한다.

3. 기타 점검 주요 사항

4. 점검 총평

3. 정밀안전진단 표준양식

제출문

□ 참여기술진 명단

※ 참여자별 업무별 실명 날인

□ 시설물의 위치도

※ 축척과 방위표시

□ 시설물 전경사진

※ 촬영 가능 방향에서 4면 촬영 부착

※ 보고서 목차는 점검 결과표 다음에 수록한다.

정밀안전점검결과표

20 . . .

1. 건축물명 :

   1.1 주 용 도 :

   1.2 종　별 :

   1.3 준공년월 :　　년　월 (　년 경과)

   1.4 층　수 : 지하(　), 지상(　)층

   1.5 동　수 : 1종(　)동, 2종(　)동, 계(　)동

   1.6 연 면 적 :　　㎡

2. 관리주체 :

3. 주　소 : (　-　)

4. 위　치 : (　-　)

5. 점검의 목적 :

6. 건축물 상태 및 안전성 평가등급 :

7. 점검 결과 총평 및 건의 :

8. 점검기간 : 20 . . . ~ 20 . . .(　일간)

9. 점검기관 :

10. 책임기술자 :　　(서명)

정밀안전점검보고서

1. 정밀점검개요

1.1 건축물명 :

1.2 종 별 :

1.3 위 치 :

1.4 점검목적 :

1.5 점검일정 : 20 . . . ~ 20 . . .(일간)

※ 현장조사 완료일 : 20 . . .

1.6 관리주체 : (담당 : 전화 :)

1.7 점 검 자 : (책임기술자 : 전화 :)

1.8 점검의 범위 및 과업내용 :

1.9 사용장비 및 기기

2. 건축물 개요

2.1 일반현황

1) 대지면적 : ㎡

2) 건축면적 : ㎡

3) 동 수 : 1종 : 동, 2종 : 동, 계 동

4) 연 면 적 : ㎡

5) 구조형식 :

6) 최고높이 : m(최고높이 부위) :

7) 주 용 도 :

2.2 건축물 이력사항

1) 설 계 자 :

2) 감 리 자 :

3) 시공자(공사별) :

4) 공사기간 : 20 년 월 일 ~ 20 년 월 일(일간)

5) 현재까지의 경과연수 :

6) 준공당시 총공사비 :

2.3 보수 · 보강공사 이력사항

기 간	공사종류	공사비	내 용 (재료, 공법, 위치)		설계자	시공자	감리자	비 고

3. 점검일반사항

3.1 설계도서류

1) 준공도면(건, 토, 전, 설비) 보관유무 : □유, □무

2) 시방서(일반, 특기) 보관유무 : □유, □무

3) 구조계산서 보관유무 : □유, □무

4) 지질조사서 보관유무 : □유, □무

5) 시공당시 시공관계 사진철 보관유무 : □유, □무

6) 도서보관함 설치유무 : □양호, □보통, □일반캐비닛 사용, □없음

7) 재하시험 보고서 : □유, □무

8) 인 · 허가 서류 : □유, □무

3.2 건축물관리대장 활용

1) 작성유무 및 보관실태 :

2) 내용갱신 유무 :

3.3 시설물 유지관리계획 수립 · 시행

1) 유지관리계획서 작성유무 : □유, □무, 보고유무 : □유, □무

2) 정기점검 실시유무 : □유, □무, 실시간격 :

3) 정기점검자 자격 : □관리주체직원 □외부점검전문기관의뢰
□유자격자 □무자격자

3.4 시설물별 구조상태

1) 최고높이 : m(해당 위치 · 동호 :)

2) 최고층고 : 부위( ), 층고(m)

3) 기둥간격 : 기본(　　m), 최장간격(　　m), 최장위치(　　)

4) 기초형식 : □온통 : (해당 동호 :　　　　　　)
□독립 : (해당 동호 :　　　　　　)
□줄기초 : (해당 동호 :　　　　　)
□복합기초 : (해당 동호 :　　　　)

5) 지정형식 : □PC말뚝 : (해당 동호 :　　　　)
□현장말뚝 : (해당 동호 :　　　　)
□모래잡석 : (해당 동호 :　　　　)
□피어(PIER) : (해당 동호 :　　　)

6) GL로부터 기초저면까지의 깊이 :　　~　　m

7) PILE · PIER의 근입심도 :　　~　　m(기초저면으로부터)

8) PILE의 지지방법 : □지지, □마찰

9) 주요구조부 재료

① 콘크리트 설계기준강도 :　　　kg/㎠

② 철근 종류 :　　　　　(Fy＝kg/㎠)

③ 강재 종류 :　　　　　(Fy＝kg/㎠)

④ 외벽 주요 마감자재 :

⑤ 실내바닥 마감자재 :

⑥ 실내벽체 마감자재 :

⑦ 지붕방수공법(자재) :

⑧ 지하층 방수공법(자재) :

3.5 용도 현황

동 별	층구분	바닥면적(m^2)	주요 용도	비 고 (세대수)

※ 공동주택 외의 경우에 작성

3.6 동별 현황

단지명	동 호	종 별	층 수 (지상/지하)	세대수	연면적 (m^2)	비 고
	계					

※ 공동주택(주상복합 포함)의 경우에 작성

4. 시설물 사용 및 관리실태

4.1 건축물의 형태 및 용도변경 사항

구 분	위 치 (해당 동·호수·실)	변경사항	
		변경 전	변경 후
평면변경			
입면변경			
단면변경			
용도변경			

※ 변경 전후의 내용(위치, 모양, 규격, 마감재 종류 등)을 간단히 기록하며, 주요 사항 또는 필요시에는 도면에 표기 첨부할 수 있다.

4.2 주요 구조부재의 변경사항

구 분	위 치 (해당 동·호수·실)	변경사항	
		변경 전	변경 후
기 둥(벽)			
보			
슬 래 브			
기 초			
지 붕			
계 단			

※ 주요 구조부재의 변경 내용과 보수·보강 내용 등 구조와 관계된 사항(위치, 재질, 규격 등)과 주요 변경 전·후의 내용(위치, 모양, 규격, 마감재 종류 등)을 간략히 기록하며, 주요 사항 또는 필요시에는 도면에 표기 첨부하거나 사진을 촬영 보고자료로 활용할 수 있다.

4.3 주변조건의 변경사항

구 분	위 치 (해당 동·호수·실)	변경사항	
		변경 전	변경 후
사용하중			
기초 및 지반조건			
주변환경			

※ 주변조건 변경사항(실별 사용하중의 최대치, 주변공사 현황 등)을 상세하게(위치, 시기, 공사내용 등) 기록하며, 필요시 관계자의 확인을 받아 첨부하여 향후 점검 및 진단시 참고자료로 활용할 수 있도록 한다.

5. 구조체 검사결과 주요 결함사항

5.1 균열현황

부 위 (해당 동·수·위·층·실)	부 위	균열의 유형 및 형상	균열크기 (길이×폭)	균열의 진행상황	비 고 (원인, 발견시기 추정 등)

※ 균열위치는 정확하게 도면에 표기하도록 하며, 균열의 유형 및 형상은 필요시 사진을 촬영 보관토록 하고, 균열의 크기는 길이와 최대 균열폭을 mm단위로 기록하며, 실재 균열부재 부위에 알아보기 쉽도록 표시하여 지속적인 추적 관찰이 될 수 있도록 한다.

※ 균열의 진행상황은 일상점검시 조사된 내용과 변화된 상황을 조사 기록한다.

5.2 누수 · 백태 현황

부 위 (해당 동 · 호수 · 위치 · 층 · 실)	노출 및 부식상태	비 고 (원인, 발견시기 추정 등)

5.3 철근의 노출 및 부식 상태

부 위 (해당 동 · 호수 · 위치 · 층 · 실)	노출 및 부식 상태	비 고 (원인, 발견시기 추정 등)

5.4 콘크리트 노후화 현상(박리, 층분리, 박락 등)

부 위 (해당 동 · 호수 · 위치 · 층 · 실)	부재 · 부위	노후화 정도	비 고 (원인, 발견시기 추정 등)

5.5 강재구조 노후상태

부 위 (해당 동 · 호수 · 위치 · 층 · 실)	노후정도(상태)	비 고 (원인, 발견시기 추정 등)

※ 부위는 층별 · 부재별로 정확하게 기록하며, 필요시 도면에 표시 활용한다.

※ 노후상태는 부식, 피복재 탈락, 볼트 · 용접부의 결함, 처짐내용 등을 간략하게 기록한다.

5.6 주요 부재 추정강도 현황

부 위 (해당동 · 호수 · 위치 · 층 · 실)	부재명	추정강도 (kg/cm^2)	추정방법	비 고

※ 필요시 주요 부재별로 압축강도를 추정, 28일 강도로 환산 기록 평가할 수 있다.

5.7 철근배근상태

부 위 (해당 동 · 호수 · 위치 · 층 · 실)	부재명	철근배근상태		피복두께 (mm)	비 고
		설계	시공		

※ 철근종류와 배근간격, 피복두께를 조사 기록한다.

6. 부대 점검사항(유지관리자와 면담 또는 확인)

점검내용	점검결과 (유○,무×)	상 태 (유형, 크기, 추정원인)	해당 동호 (위치)
□ 바닥 포장부위 침하 및 균열 현상			
□ 건물 전체의 부동침하현상			
□ 외부 옹벽(축대)의 균열 현상			
□ 건물 주변 토량 침하현상			
□ 하수관로 및 맨홀의 배수 · 청소 상태			
□ 외벽의 전도 위험부위			
□ 외벽 모르터 또는 콘크리트의 탈락부위			
□ 외벽 창문 유리의 파손			
□ 옥상 roof drain의 상태			
□ 옥상에 하중(물건)의 과재 여부			
□ 내부 창 · 문의 작동상태			
□ 건물 내부의 진동여부			
□ 천장재(텍스류)의 탈락 및 갈라짐 상태			
□ 벽지 및 천장지가 찢어진 곳 유무			
□ 실내의 하중(물건)의 과적여부			
□ 건물에서 뚝뚝하는 소리			
□ 녹물이 흘러나오는 곳의 유무			
□ 코킹이 갑자기 떨어진 곳의 유무			
□ 담장의 전도징후			
□ 돌출물(간판 · 안테나 등)의 탈락현상			
□ 지하수 배수펌프 작동상태			
□ 안전난간의 견고성			

7. 기타 조사사항

※ 재료시험 및 안전성 평가 필요시에는 평가항목과 방법, 평가결과를 기록한다.

8. 상태 및 안전성 평가

동·호(층)	부 재	상태평가등급		안전성평가등급		종 합	
	슬래브						
	보						
	기둥						
	외벽						
	내벽						
	슬래브						
	보						
	기둥						
	외벽						
	내벽						
	슬래브						
	보						
	기둥						
	외벽						
	내벽						
	슬래브						
	보						
	기둥						
	외벽						
	내벽						
	슬래브						
	보						
기초구조물	기둥						
	외벽						
	내벽						
전체 건물 종합 평가등급							

※ 안전성 평가는 필요시에만 구조안전성 검토 후 작성

9. 건축물의 상태 및 안전성 평가 등급

등급부호	노후화 상태	안전성	조 치
A	문제점이 없는 최상의 상태	최상의 상태	정상적인 유지관리
B	경미한 문제점이 있으나 양호한 상태	균열이나 변형이 있으나 허용범위 이내인 상태	지속적인 주의관찰이 필요함
C	문제점이 있으나 간단한 보수보강으로 원상회복이 가능한 보통의 상태	균열이나 변형이 있으나 구조물의 내력이 설계의 목표치를 초과한 상태	지속적인 감시와 보수, 보강이 필요함
D	주요부재에 발생된 노후화 정도가 고도의 기술적 판단이 요구되는 상태로 사용제한 여부의 판단이 필요함	균열이나 변형이 허용범위를 초과하고 있거나 구조물의 내력이 설계의 목표치를 미달하고 있어 고도의 기술적 판단이 요구되는 상태로 사용제한 여부의 판단이 필요함	사용제한 여부의 판단과 정밀안전진단이 필요함
E	주요 부재의 노후화 정도가 심하여 원상회복이 불가능하거나 안전성에 위험이 있어 즉각 사용금지하고 긴급한 보강이 필요한 상태	균열이나 변형이 허용범위를 초과하고 있어 구조물의 내하력이 허용범위에 미달하여 붕괴가 심각히 우려되며, 안전성에 위험이 있어 즉각 사용금지하고 긴급한 보강이 필요한 상태	사용금지 및 긴급보강 조치가 필요함

10. 종합결론 및 건의

※ 상태평가의 종합결론과 정밀안전진단 및 긴급조치사항 등을 요약기록
부록 : 육안검사사진, 외관조사망도, 측정・시험성과표, 기타 참고자료

참고문헌

1. 이명구 · 박구병 · 신은우, 「시설물 안전관리」(서울보건대학, 2004)
2. 김일효, 「건물위험관리론」(남두도서, 2004)
3. 길동민, 「건물자산기술관리론」(남두도서, 2006)
4. 김일효, 「건물자산법률관리론」(남두도서, 2006)
5. 김일효 외, 「건물자산경영관리론」(남두도서, 2006)
6. 목진호, 「건물자산환경관리론」(남두도서, 2006)
7. 우성, 「관리감독자의 안전관리」(대한산업안전협회, 1995)
8. 이상원, 「객관식 경호학」(법정경찰학회, 1997)
9. 소방안전협회, 「위험물 취급업무 강습교본」(소방안전협회운영과 1998)
10. 이상준 · 이정민, 「산업안전관리론」(범론사, 1993)
11. 한국가스안전공사, 「사용시설안전관리자 과정」(한국가스안전공사 교재, 1998)
12. 민영택, 「전기위험방지기술」(범론사, 1993)
13. (사)한국경비협회 「일반경비원 신임교육교본」((사)한국경비협회, 2003)

찾아보기

▶ ㄱ

가수전류 71
가스설비위험 36
건물경영위험 17
건물경영환경변화 사고 95
건물기술위험 16
건물법률위험 17
건물위험물위험 38
건물자산가치하락 사고 95
건물자산관리 14
건물자산위험관리활동 129
건물(물건)하자위험 38
건물작업위험 38
건물환경위험 17
건축물(시설)위험 35
건축설비위험 35
경보설비 62
경영손실 사고 92
경영위험 142
경영적 잠재위험 137
계약법률사고 87
계약사고 87
공실손실보전 사고 96
관리감독자 119
관리관계법령사고 88
관리근무자 120
관리비누수 사고 94
관리비적자 사고 94
관리소장 119
국한대책 61
금전사고 95
기계설비안전사고 80
기계설비위험 36
기술위험 142
기술적 잠재위험 136

▶ ㄴ

노출위험 20

▶ ㄷ

대피활동 168
도상훈련방법 42
동태적 위험 19

▶ ㄹ

리더십(leadership) 115

▶ ㅁ

무재해운동 188
무재해운동방법 43
물적 위험 19
미래위험 138

▶ ㅂ

방범관리 172
방재교육 164
방재설비 69
방화관리 164
버드 이론 146
법률사고 84
법률위험 142
법률적 잠재위험 137
보안관리 168
보안사고 99

보안상 잠재위험 138
보안위험 18, 143
불안전 행동 31
불안전 환경 109
붕괴사고 78
붕괴원인 79

▶ ㅅ
사고 140
산업재해위험 192
생성위험 138
소방대책 61
소방시설 62
소유권 상실 위험사고 85
소화대책 61
소화설비 62
소화용수설비 62
소화활동상 필요설비 62
순수위험 19

▶ ㅇ
안전개념 15
안전관리개념 23
안전관리방법 16
안전관리조직 110
안전관리종사자 110
안전망각증 30
안전불감증 29, 104
안전사고 28
안전수칙 149
안전역할 개선 32
안전의식 104
안전의식 교육 31
안전전류 70
안전점검 43, 197
안전진단전문기관 209
안전책임제 실시방법 43
예방정비보수방법 42
예비전원설비 69
위험관리 14, 20
위험관리교육 134
위험관리대상 34
위험관리방법 40
위험관리영역 13
위험관리활동 15
위험교육방법 186
위험교육훈련방법 42
위험보유방법 41
위험예지방법 42
위험예지 훈련방법 186
위험요소 20
위험전가방법 41
위험전류 70
위험통제방법 41
위험환경 20
위험회피방법 41
이동설비위험 37
인간관계 113
인명구조법 168
인사부정사고 95
인재(人災) 23
인적 위험 19

▶ ㅈ
잠재위험 16, 20
재난 20
재해 20
재해관리개념 23
재해조사 146
저압단락 재해 75
저전압감전 73
전기감전사고 68
전기설비위험 36
전기작업안전대책 76

전기작업안전수칙 77
전기화재 48
전력설비 69
정밀안전진단 197
정밀안전진단 방법 43
정전기 전기사고 78
정태적 위험 19
조명설비 69
지적확인 교육방법 186

▶ ㅊ
천재(天災) 23
추락사고 66

▶ ㅋ
커뮤니케이션(communication) 121

▶ ㅌ
투기적 위험 19

▶ ㅍ
폭발사고 56
피난대책 62
피난설비 62
피해보상 사고 93

▶ ㅎ
하인리히 도미노 이론 145
헤드십(headship) 115
화재사고 47
환경위험 143
환경적 잠재위험 138
회계부정 사고 95

▶ O
OFF.J.T 교육방법 188
OJT 교육방법 187

▶ S
SD 교육방법 187

▶ T
TBM 교육방법 186

▶ 기타
1종 위험 18
2종 위험 18
3종 위험 18

저자 소개

• 김 일 효(金日孝)

• 약 력

- 건국대학교 행정대학원(부동산경영 전공) 졸업(행정학 석사)
- 극동대학교 대학원 박사과정(빌딩경영학 전공)
- 풍림빌딩 관리사무소 소장(사옥관리부장) 역임
- 건국대학교 기성회장 역임
- 한양대학교 · 경원대학교 · 경민대학 강사 역임
- (사)한국건물관리학회 회장(현)
- 극동대학교 경영행정대학원 건물자산관리학 교수(현)

• 저 서

- 《건물자산관리학총론》 (남두도서)
- 《건물자산경영관리론》 (남두도서)
- 《건물자산법률관리론》 (남두도서)
- 《건물자산위험관리론》 (남두도서)
- 《건물자산임대관리론》 (남두도서)
- 《건물관리실무용어》 (남두도서)

건물자산위험관리론

1판 1쇄 발행 2006년 9월 1일

저 자 김 일 효
발행인 남 승 우

발행처 **남두도서**

서울특별시 동작구 사당3동 220-43
TEL : (02)595-1692~4
FAX : (02)595-1394
E-mail : namdoo6@unitel.co.kr
신고 : 5-76호 (1998. 11. 4)

정가 21,000 원

ISBN 89-5780-053-0 13320
ISBN 978-89-5780-053-9 13320
ISBN 89-5780-039-5 (세트)

건물자산관리학 총서

도서	저자 / 판형 / 정가
건물자산관리학총론	김일효 저 4×6배판 / 652쪽 정가 29,000원
건물자산경영관리론	김일효 · 김원규 · 유수정 공저 4×6배판 / 412쪽 정가 26,000원
건물자산기술관리론	길동민 저 4×6배판 / 512쪽 정가 29,000원
건물자산법률관리론	김일효 저 4×6배판 / 456쪽 정가 28,000원
건물자산위험관리론	김일효 저 4×6배판 / 278쪽 정가 21,000원
건물자산환경관리론	목진호 저 4×6배판 / 230쪽 정가 20,000원
건물자산임대관리론	김일효 저 4×6배판 / 426쪽 정가 27,000원
건물자산계약관리론	최강진 저 4×6배판 / 338쪽 정가 20,000원

〈건물관리 실무지침서〉

도서	저자 / 판형 / 정가
건물관리실무용어	김일효 저 4×6배판 / 양장 828쪽 정가 65,000원